AF303293

Bibliografische Information der Deutschen Nationalbibliothek:

Die Deutsche Nationalbibliothek verzeichnet diese Publikation in der Deutschen Nationalbibliografie; detaillierte bibliografische Daten sind im Internet über http://dnb.d-nb.de abrufbar.

Impressum:

Copyright © 2016 Studylab

Ein Imprint der GRIN Verlag, Open Publishing GmbH

Druck und Bindung: Books on Demand GmbH, Norderstedt, Germany

Coverbild: Freepik.com I Flaticon.com I GRIN

Sarah Mayrhofer

Der richtige Gebrauch der Stimme und der physiologische Hintergrund

2015

„Die Macht gehört denen, die reden können.“

Lord Salisbury

Inhaltsverzeichnis

Abstract

Sie begleitet durch das ganze Leben, ob im Beruf oder im Alltag, sie ist immer präsent. Trotzdem weiß man erstaunlich wenig über sie. Die Rede ist von der menschlichen Stimme. Die vorliegende Arbeit befasst sich überwiegend mit dem richtigen Gebrauch der Stimme. Neben der Klärung wichtiger anatomischer Gegebenheiten, gibt die Arbeit einen Einblick in die Physiologie und damit den Prozess der Stimmbildung. Die Bedeutsamkeit des richtigen Stimmgebrauchs im Lehrerberuf und welche Risikofaktoren damit einhergehen, ist ausführlich beschrieben. Auch psychologische Aspekte, wie die Wirkungsweise der Stimme und das Phänomen des Lampenfiebers fließen mit ein. Die Arbeit greift die Individualität der Stimme auf und beschreibt den starken Zusammenhang mit der Persönlichkeit eines Menschen. Der Stimmhygiene ist ebenfalls ein großer Teil gewidmet. Dieses Kapitel umfasst eine Sammlung mit gezielten Übungen und Maßnahmen, welche zur Optimierung der Stimme herangezogen werden können. Ein abschließendes Experteninterview mit interessanten Fakten zur Stimme rundet die Arbeit ab.

It is something that comes along a whole lifetime, whether at work or in everyday life, it is always present. Nevertheless, we surprisingly know little about it, namely the human voice. The present work mainly deals with the correct use of the voice. Besides clarifying important anatomical conditions, an insight into the physiology and with it the process of phonation is given. Described in detail is the importance of the proper vocal use in teaching profession and risk factors, which are associated with it. In addition, psychological aspects such as the mode of action of voice and the phenomenon of stage fright are incorporated. The work takes up the issue of the individuality of voice and describes the strong relationship with a human's personality. The vocal hygiene represents an important part too. This chapter includes a collection with targeted exercises and activities that can be used to optimize the voice. A final interview with a speech therapist providing interesting facts about the voice completes the work.

Einleitung

Jeder hat eine Individuelle. Jeder verwendet sie Tag täglich. Mancher mehr, mancher weniger. Gerade im Berufsfeld des Lehrers nicht wegzudenken. Die Stimme, unser Hauptwerkzeug der Kommunikation. Mit ihr wollen wir eine Beziehung zu unserem Gegenüber aufbauen, Wissen transportieren, Begeisterung schaffen, unsere Zuhörer fesseln und dabei natürlich auch noch glaubwürdig, überzeugend und authentisch wirken. Und das am besten unser ganzes Berufsleben lang. Es soll einem jedoch bewusst sein, dass unsere Stimme im Alltag vielen Risikofaktoren ausgesetzt ist. Diese Risikofaktoren können die Stimmqualität maßgebend beeinflussen, daher bietet es sich an, zu wissen, wie man diesen entgegenwirken kann. Dazu ist es allerdings notwendig, entsprechende Grundlagen zur und um die Stimme zu kennen, weshalb meine Arbeit verschiedenste interessante Aspekte beleuchtet:

1. Die Anatomie der Stimme: In diesem Teil werden die anatomischen Grundlagen der Stimme erläutert, um ein Grundverständnis zu schaffen.
2. Die Stimmerzeugung: Hier wird näher auf die Körperabschnitte eingegangen, welche zur Stimmerzeugung einen wesentlichen Beitrag leisten.
3. Stimme und Beruf: In diesem Abschnitt wird ein besonderes Augenmerk auf den Beruf des Lehrers/der Lehrerin gelegt. Es wird erläutert, wie wichtig die Stimme in diesem Beruf ist und wie man sie richtig einsetzen sollte. Außerdem werden jene die Stimme beeinflussenden Risikofaktoren erläutert, denen man im Alltag ausgesetzt ist.
4. Wirkung der Stimme: Wie die Stimme von anderen Personen wahrgenommen wird, wie sie sich auf die Stimmung auswirkt und weitere psychologische Komponenten werden in diesem Teil erläutert.
5. Stimmhygiene: Hier wird erklärt, wie man seine Stimmqualität erhöhen kann und welche Maßnahmen man treffen kann, um die Stimme ökonomischer und effizienter einsetzen zu können. Außerdem soll ein Beitrag zum ermüdungs-freien Sprechen geleistet werden.
6. Interview mit Frau Schmid-Tatzreiter (Logopädin)

Gender Erklärung

Um den Lesefluss nicht einzuschränken, wird in dieser Diplomarbeit die geschlechterspezifische Differenzierung nicht berücksichtigt. Die Verwendung der männlichen Form („Lehrer", „Arzt", etc.), soll für beide Geschlechter verstanden werden.

1. Anatomie der Stimme

1.1 Der Kehlkopf

Der Kehlkopf *(Larynx)* ist durch seine optimale Lage für die Lautgebung von zentraler Bedeutung. Er ist am oberen Ende der Luftröhre *(Trachea)* lokalisiert und dient unter anderem als Verschlussmechanismus der unteren Atemwege. Die Hauptaufgabe des Kehldeckels *(Epiglottis)* besteht darin, einerseits die Luftröhre für die Atmung offen zu halten und andererseits dafür zu sorgen, dass keine Nahrung in die Luftröhre gelangen kann. Außerdem verfügt der Kehlkopf über ein von Muskeln geleitetes Knorpelgerüst (Abb. 1). Dieses bewirkt, dass es zu Spannungsänderungen der Stimmbänder kommt und somit die Stimmbildung maßgebend beeinflusst wird (SCHWENGLER & LUCIUS 2011, PEZENBURG 2013).

Den Kehlkopf kann man an der Vorderseite des Halses gut ertasten. Eine knorpelartige Struktur lässt sich fühlen. Besonders bei Männern ist der Kehlkopf gut ersichtlich, da er etwas hervorsteht und sich beim Schlucken und Sprechen bewegt. Der sogenannte „Adamsapfel" *(Prominentia laryngea)* ist ein Teil des Schildknorpels (PEZENBURG 2013).

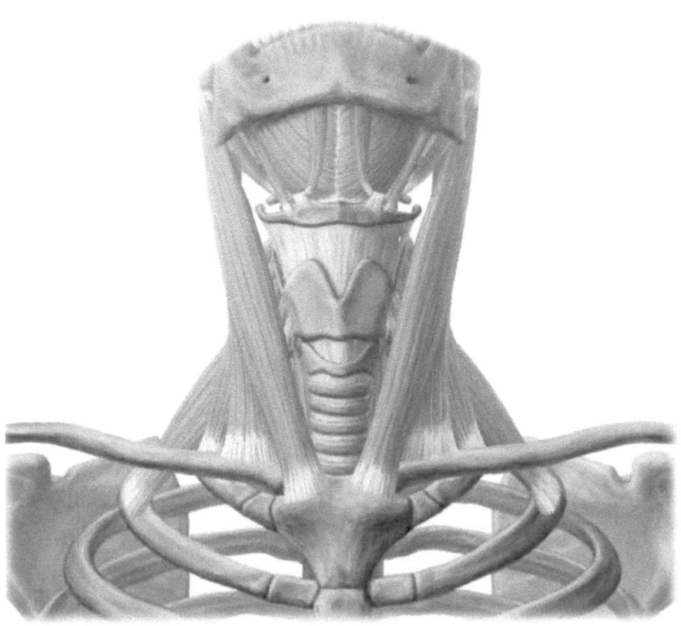

Abbildung 1:
Der Kehlkopf in der Frontalansicht mit seinen Knorpeln, Muskeln und Faserzügen. Er ist lokalisiert im Halsbereich. Oberhalb des Kehlkopfes befindet sich der Rachen, unterhalb geht der Kehlkopf in die Luftröhre über. Der Anfang der Speiseröhre liegt hinter dem Kehlkopf (INTERNET 1).

1.2 Das Kehlkopfgerüst

Das Kehlkopfgerüst besteht aus verschiedenen Knorpeln, fünf an der Zahl, nämlich aus dem Schildknorpel, Ringknorpel, den zwei Stellknorpeln und dem Kehldeckel (Abb. 2).

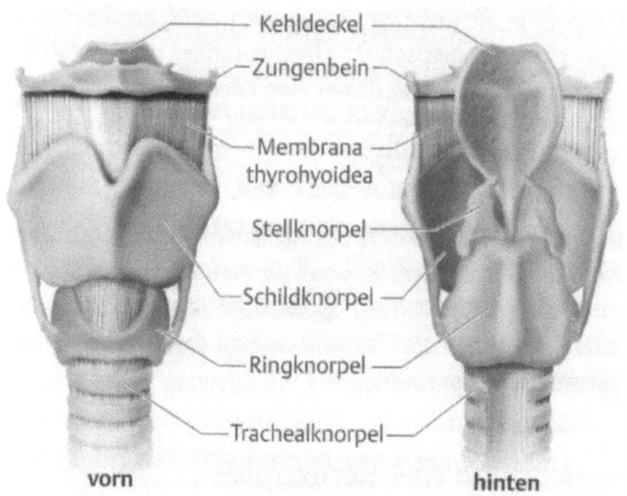

Abbildung 2:
Das Kehlkopfgerüst mit seinen Knorpeln
(SCHWENGLER & LUCIUS 2011)

Der **Schildknorpel** (*Cartilago thyroidea*), größter Knorpel des Kehlkopfes, besteht aus zwei Platten, die nach vorne hin dreieckig zusammenlaufen. Diese Knorpelstruktur ist bei Männern, wie eingangs erwähnt, deutlich als Adamsapfel zu erkennen. Am hinteren Ende der Seitenplatten verlaufen nach unten die Ringknorpelhörner und nach oben hin die Zungenbeinhöcker. Die Zungenbeinhöcker sind meist etwas länger als die Ringknorpelhörner.

Unterhalb des Schildknorpels liegt der **Ringknorpel** (*Cartilago cricoidea*). Wie sein Name schon verrät, ist er geformt wie ein Siegelring, das heißt, der Knorpelbogen verändert sich nach hinten hin zu einer Knorpelplatte. Diese Ringknorpelplatte ergibt die Verbindung zu den Stellknorpeln.

Die zwei **Stellknorpel** (*Cartilagines aryt(a)enoideae*), auch bekannt als Aryknorpel, liegen dem Ringknorpel auf. Sie bestehen aus einer Spitze, die oben liegt, einer vorderen Fläche, auf der die Stimmlippen befestigt sind und aus einer seitlichen Fläche, an der Muskeln und Bänder ansetzen.

Der **Kehldeckel** (*Epiglottis*) erstreckt sich von innen, zwischen den zwei Stellknorpeln, bis zum Zungengrund. Der Verlauf ist in Abbildung 2 gut ersichtlich. Der Kehldeckel legt sich beim Schlucken über den Kehlkopfeingang und nimmt so die Funktion eines Schutzventils ein (Abb. 3) (HAMMANN 2011, SCHWENGLER & LUCIUS 2011, PEZENBURG 2013).

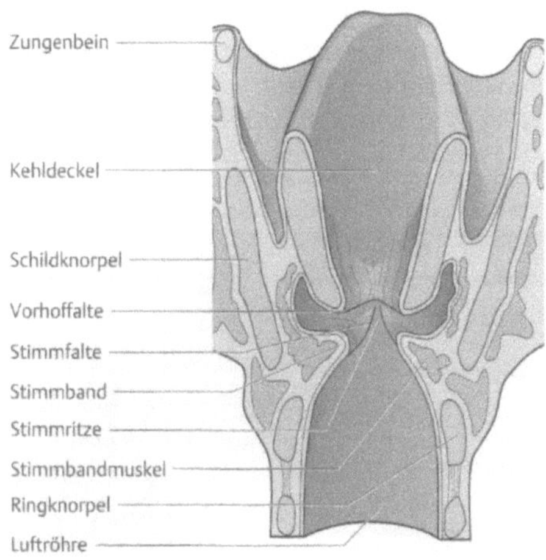

Abbildung 3:
Innenansicht des Kehlkopfes
(SCHWENGLER & LUCIUS 2011)

1.3 Die Kehlkopfmuskulatur

Die Kehlkopfmuskulatur ist für die Ausübung der zweiten Funktion des Kehlkopfes notwendig. Neben der Funktion als Verschlusssystem der Luftröhre, ist der Kehlkopf nämlich ausschlaggebend für die Stimmgebung. Für diese Aufgabe kommen verschiedene Muskelgruppen zum Einsatz (HAMMANN 2011). Die Kehlkopfmuskulatur wird für die Gesamtbewegung des Kehlkopfes und für die Bewegung im Inneren des Kehlkopfes benötigt. Im Folgenden werden die äußere und innere Kehlkopfmuskulatur näher beschrieben.

Ringknorpel-Schildknorpel Muskel (*Musculus crico-thyroideus*)

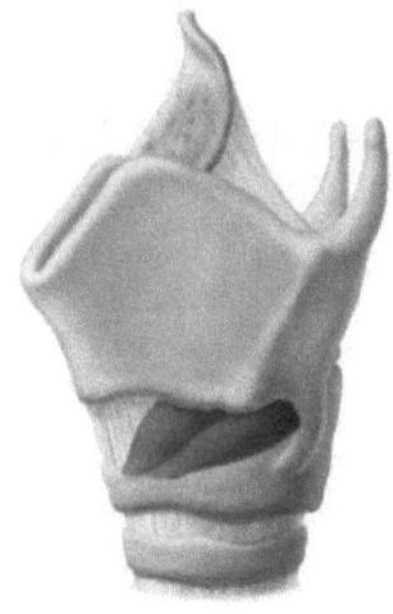

Abbildung 4:
Musculus crico-thyroideus
(INTERNET 1)

Dieser Muskel hat seinen Ursprung am Ringknorpel und setzt am Schildknorpel an. Somit verbindet der *Musculus crico-thyroideus* den Ringknorpel mit dem Schildknorpel (Abb. 4). Er ist in der Lage, durch Kontraktion einen Kippvorgang auszurichten. Somit werden Ring- und Schildknorpel zueinander gekippt, was eine Dehnung der Stimmlippen zur Folge hat. Dieser Muskel ist daher essentiell für die Spannung der Stimmbänder und damit für die Regulierung der Tonhöhe.

Interessantes Faktum:

Es werden Operationen durchgeführt, bei denen der Ringknorpel an den Schildknorpel angenähert wird und es somit zu einer dauerhaften Spannung des *Musculus crico-thyroideus* kommt. Durch diese Spannung kann eine erhöhte Stimmlage erreicht werden. Solche Operationen werden vor allem bei Transsexuellen durchgeführt, die sich durch ihre zu tiefe Stimme als Mann verraten würden (INTERNET 5).

Musculus thyroarytenoideus

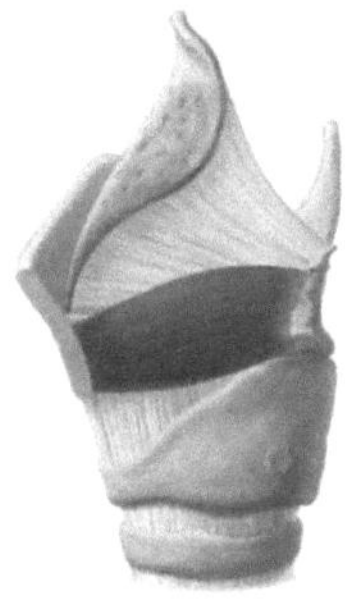

Abbildung 5:
Musculus thyroarytenoideus
(INTERNET 1)

Seine Zuständigkeit liegt in der Spannungsverringerung der Stimmbänder und er wirkt als Heber des Kehlkopfes. Er entspringt an der Innenfläche des Schildknorpels und verläuft bis zum Stellknorpel (*Cartilago arytaenoidea*) (Abb. 5).

Musculus cricoarytenoideus posterior (kurz: Musculus posticus)

Abbildung 6:
Musculus cricoarytenoideus posterior
(INTERNET 1)

Er verläuft von der hinteren Lamina des Ringknorpels bis zum Stellknorpel (Abb. 6). Dieser Muskel ist für die Öffnung der Stimmritze (*Glottis*) (Abb. 7) und somit für die Anspannung der Stimmbänder zuständig. Außerdem spielt er eine wichtige Rolle bei der Atmung.

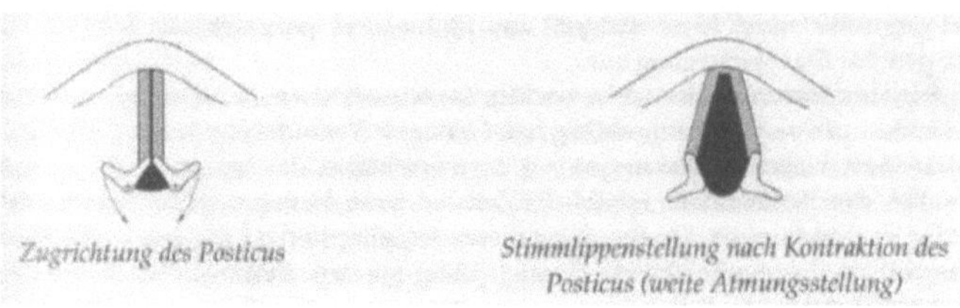

Abbildung 7:
Die Wirkungsweise der inneren Kehlkopfmuskulatur
(PEZENBURG 2013)

Die Stimmritze

Die Stimmritze (*Glottis*) ist eine Öffnung im Kehlkopf, die sich zwischen den Stimmlippen und dem Stimmstellknorpel befindet (Abb. 8).

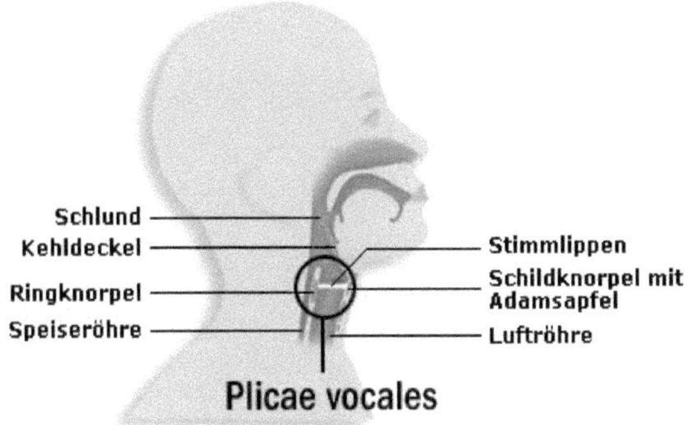

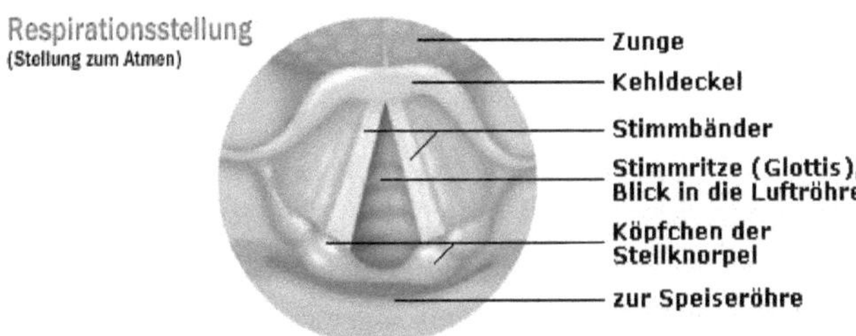

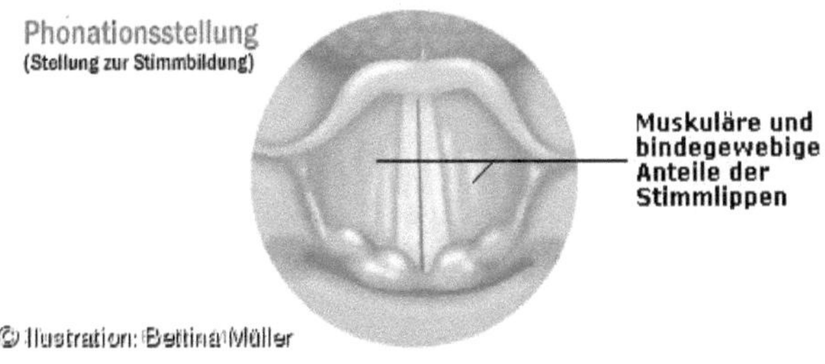

Abbildung 8:
Respirationsstellung und Phonationsstellung
(INTERNET 2)

Für die Schließung der Stimmritze (dem Spalt zwischen den Stimmlippen) sind drei Muskeln zuständig. Diese bilden den Gegenspieler zum *Musculus cricoarytenoideus posterior*. Diese Muskeln werden im Folgenden näher erläutert:

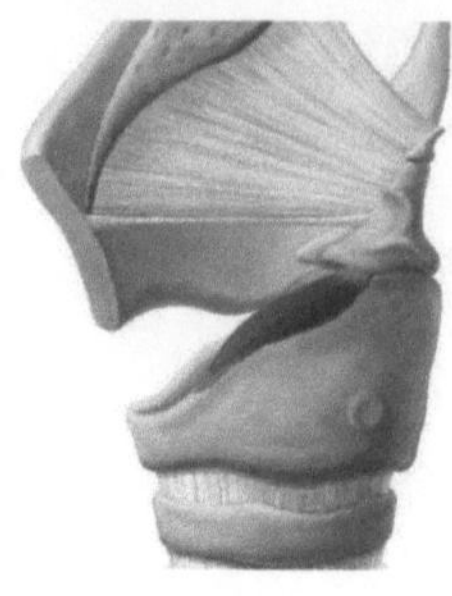

Abbildung 9:
Musculus cricoarytenoideus lateralis
(INTERNET 1)

Musculus cricoarytenoideus lateralis

Dieser Muskel wird kurz „*Lateralis*" genannt. Er entspringt am Ringknorpel und setzt am Muskelfortsatz des Stellknorpels an (Abb. 9). Der *Lateralis* wird auch als Schließer der Stimmritze bezeichnet. Wie in Abbildung 10 zu erkennen ist, wird die Stimmritze soweit geschlossen, dass nur noch ein kleiner Teil der *Glottis* geöffnet bleibt. Diesen Teil bezeichnet man als sogenanntes Flüsterdreieck.

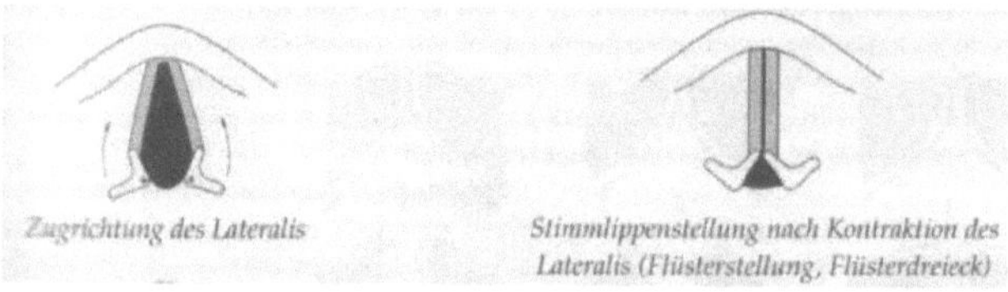

Abbildung 10:
Die Wirkungsweise der inneren Kehlkopfmuskulatur
(PEZENBURG 2013)

Abbildung 11:
Musculus arytenoideus transversus
(INTERNET 1)

Musculus arytenoideus transversus

Dieser Muskel spannt sich zwischen den Muskelfortsatz der Stellknorpel und wird auch kurz *„Transversus"* genannt (Abb. 11). Die Wirkungsweise des *Transversus* ist in Abbildung 12 dargestellt.

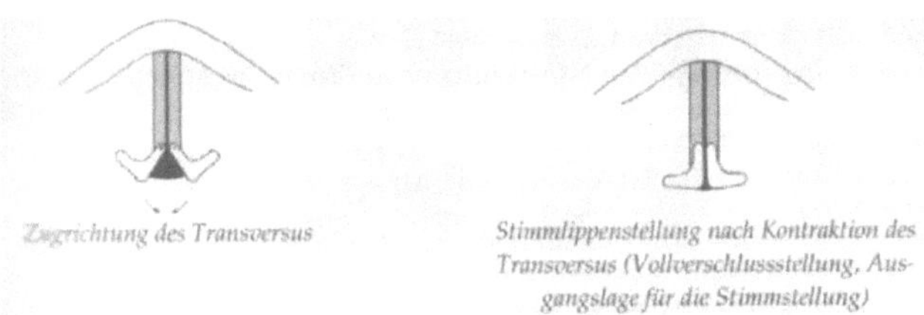

Abbildung 12: Die Wirkungsweise der inneren Kehlkopfmuskulatur (PEZENBURG 2013)

Musculus arytenoideus obliquus

Abbildung 13:
Musculus arytenoideus obliquus
(INTERNET 1)

Der „*Obliquus*" verläuft vom Muskelfortsatz des einen Stellknorpels über die obere Spitze des anderen Stellknorpels (Abb. 12). In Abbildung 13 ist dieser interessante Verlauf veranschaulicht. Der *Obliquus* liegt also auf der Oberfläche des *Transversus*. Durch die Kontraktion von *Transversus* und *Obliquus* kommt es zur Schließung der Stimmritze, da die Stellknorpel aneinander gezogen werden. Dieser Vorgang ist in Abbildung 12 zu erkennen.

Musculus vocalis

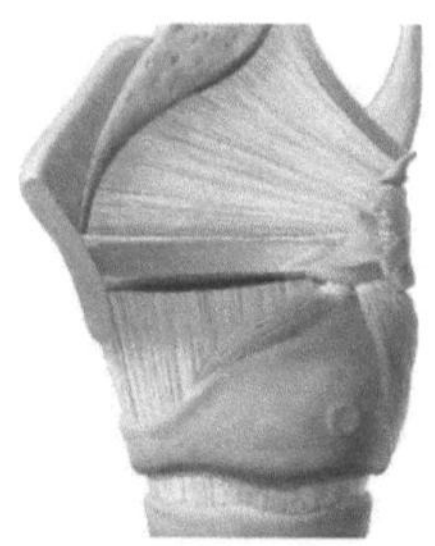

Abbildung 14:
Musculus vocalis
(INTERNET 1)

Der *Musculus vocalis,* auch Stimmlippen genannt, hat seinen Ursprung an der Rückfläche des Schildknorpels und setzt am vorderen Fortsatz (*Processus vocalis*) des Stellknorpels an (Abb. 14). Der *Musculus vocalis* ist in der Lage, durch die Annäherung der Stimmlippen die Stimmritze zu verengen. Diese Verengung der Stimmritze ist ausschlaggebend für das artikulieren von Lauten. Außerdem ist der Muskel in der Lage, die Spannung der Stimmlippen zu regulieren (BARTELS & SIEGMÜLLER *2006).* „Der unterschiedliche Kontraktionszustand seiner Fasern führt zu Verdickungen oder Verdünnungen und zu unterschiedlichen Spannungsänderungen der schwingenden Stimmlippen. Auf diese Weise ermöglicht der Vokalismuskel hochdifferenzierte Einstellungen für sehr verschiedenartige stimmliche Leistungen" (PEZENBURG *2013).*

1.4 Die Stimmbänder

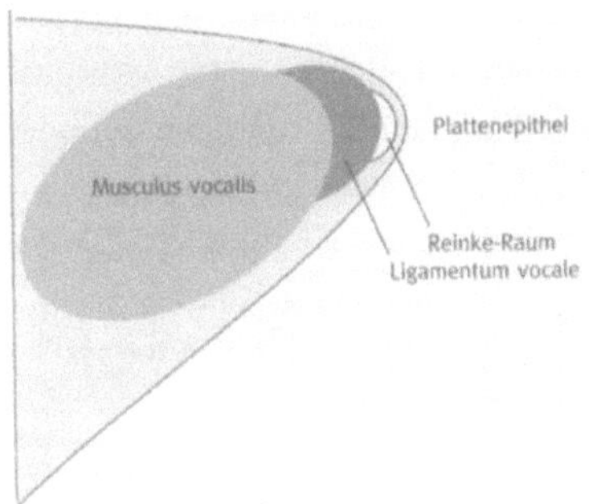

Abbildung 15:
Der Musculus vocalis mit Stimmbändern (Ligamentum vocale) und Plattenepithel
(BARTELS & SIEGMÜLLER 2006)

Die Muskelfasern des *Musculus vocalis* strahlen in die Stimmbänder ein. Hier ist zu beachten, dass die Stimmlippen oft fälschlicherweise als Stimmbänder bezeichnet werden. Es ist aber so, dass die Stimmbänder (*Ligamentum vocale*) lediglich durch das Epithel, das auf den Stimmlippen aufliegt, gebildet werden. Einfach beschrieben werden als Stimmbänder die inneren Ränder der Stimmlippen bezeichnet. In Abbildung 15 ist der Verlauf des *Musculus vocalis* über das *Ligamentum vocale* bis zum Reinke-Raum ersichtlich (BARTELS & SIEGMÜLLER 2006).

„Der Reinke-Raum (Abb. 15) ist ein schmaler Gewebszwischenraum der Stimmlippe. Er ermöglicht eine Verschiebung des über ihm liegenden Epithels während der Phonation" (Internet 3). „Unter der Phonation versteht man die Vorgänge, die zu einer kontrollier-ten Erzeugung von Tönen, im engeren Sinn Sprachtönen, durch die im Kehlkopf befind-lichen Stimmlippen führen" (IN-TERNET 4).

Die Stimmbänder sind vollständig mit einer Schleimhaut bedeckt, besitzen selbst aber keine eigenen Schleimdrüsen. Diese Schleimhaut nimmt bei der Lautübertragung eine wichtige Rolle ein. Sie bewegt sich bei der Phonation wellenartig (HAMMANN 2011, SCHWENGLER & LUCIUS 2011, PEZENBURG 2013). Gerade im Winter, wenn wir trockener Heizungsluft ausgesetzt sind, können die Stimmbänder von Austrocknung bedroht sein.

Auf beiden Seiten des Kehlkopfes findet man weitere Schleimhaut in Form von Auswölbungen (Abb. 16). Diese Schleimhautauswölbungen nennt man Vorhof- oder Taschenfalten (*Plicae vestibulares*). Sie haben keine besondere Aufgabe bei der Phonation. Zwischen den Taschenfalten und den Stimmlippen befinden sich weitere Taschen, die Morgagnische Taschen (*Sinus morgagni*) genannt werden. Diese Taschen sind für die erste Verstärkung des Klanges von Bedeutung (SCHWENGLER & LUCIUS 2011).

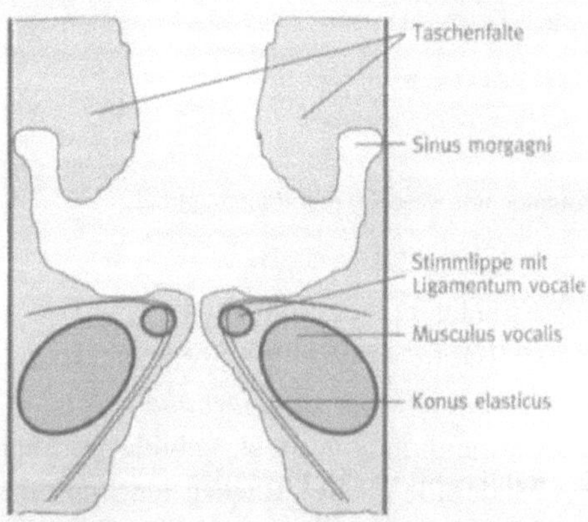

Abbildung 16:
Stimmlippe, Reinke - Raum
(BARTELS & SIEGMÜLLER 2006)

1.5 Innervation des Kehlkopfes

Ein Nerv ist für die gesamte Innervation des Kehlkopfes verantwortlich, nämlich der *Nervus vagus (Abb. 17 und 18)*.

Alle inneren Kehlkopfmuskeln werden von Ästen des *Nervus laryngeus superior* (oberer Kehlkopfnerv) innerviert. Der Nerv verläuft nicht gleich auf beiden Seiten (Abb. 18).

Der *N. laryngeus recurrens* links verläuft um den Aortabogen. Der *N. laryngeus recurrens* rechts zieht um die *Arteria subclavia*. Beide Nerven führen von dort aus wieder hinauf in den Kehlkopf (Abb. 18).

Der äußere Kehlkopfmuskel, der *Musculus cricothyroideus*, wird als Einziger nicht vom *Nervus laryngeus inferior* innerviert, sondern vom *Ramus externus* des *Nervus laryngeus superior* (Abb. 17). Die Innervation des Kehlkopfes dient als Kontrolle für den Kehlkopfeingang (MANN & STRUTZ 2009).

	Stimmlippenöffner	Stimmlippenschließer	Stimmlippenspanner
Muskeln	M. cricoarytaenoideus posterior	M. cricoarytaenoideus lateralis M. arytaenoideus transversus Mm. arytaenoidei obliquus M. thyroarytaenoideus (Pars lateralis)	M. thyroarytaenoideus (Pars medialis) M. cricothyroideus
Innervation	Alle Kehlkopfmuskeln werden vom N. laryngeus inferior innerviert, außer dem M. cricothyroideus, der vom R. externus des N. laryngeus superior innerviert wird.		

Abbildung 17:
Funktion und Innervation der Kehlkopfmuskeln
(STRUTZ & MANN 2010)

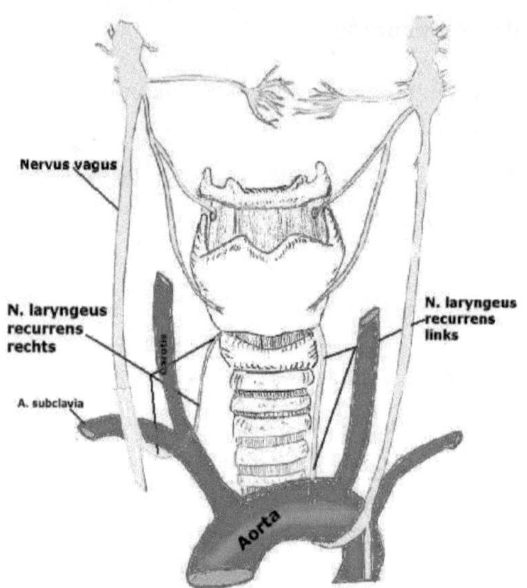

Abbildung 18:
Innervation des Kehlkopfes
(INTERNET 6)

2. Die Stimmerzeugung

Die menschliche Stimmbildung ist ein komplexer Prozess, bei dem nicht nur der Kehlkopf mit der Schwingung der Stimmlippen und die zentralnervöse Steuerung im Gehirn von großer Bedeutung sind, sondern auch die Atmung eine wichtige Rolle spielt. Auf diese soll im Folgenden unter Einbeziehung der Stimmerzeugung näher eingegangen werden. Es gibt verschiedene Möglichkeiten der Atmung.

2.1 Die Abdominalatmung (Zwerchfellatmung)

Das Zwerchfell (*Diaphragma*) liegt auf der Höhe der unteren Rippenbögen quer im Rumpf. Es teilt somit den Brustraum vom Bauchraum und bildet den anatomischen Beginn der Abdominalatmung. Das Zwerchfell wird auch als wichtigster Atemmuskel bezeichnet. „Es entspringt im Bereich der unteren Thoraxöffnung; seine Muskelfasern ziehen nach innen und setzen an einer zentralen Sehnenplatte (*Centrum tendineum*) an" (SCHWENGLER & LUCIUS 2011).

Bei der Inspiration, also beim Einatmen verkürzen sich die Muskelfasern und das Zwerchfell wird nach unten gezogen, die inneren Organe verdrängt und die Bauchdecke gehoben. Gleichzeitig kommt es zu einem Einstrom der Luft über die Luftröhre in die Bronchien und zu einer Erweiterung der Lunge. Bei der Ausatmung zieht der Bauch wieder nach innen, da das Zwerchfell entspannt und wieder nach oben gezogen wird (Abb. 19) (AMON 2000, GEKLE ET AL. 2010, HAMMANN 2011).

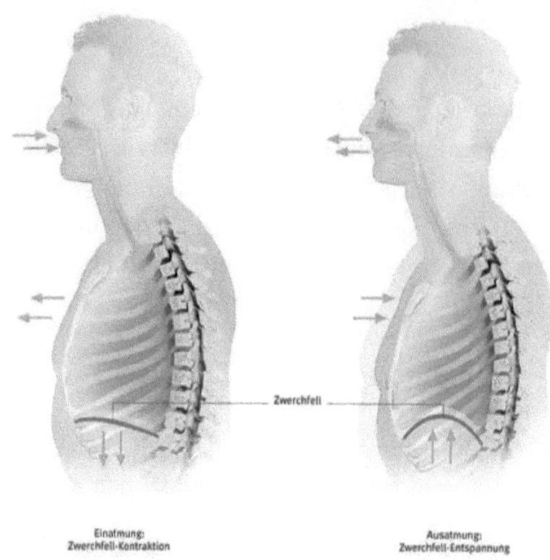

Abbildung 19:
Zwerchfellatmung
(INTERNET 7)

„Etwa zwei Drittel des Atemvolumens können durch diese Atmung bewegt werden. Schon wegen der Größe des bewegten Atemvolumens ist es nachvollziehbar, dass diese Atemform eine wesentliche Bedeutung für die Stimmatmung haben muss" (PEZENBURG 2013).

Das Zwerchfell ist somit sehr essentiell für die Zuleitung der Luft zum Kehlkopf. Durch den Luftstrom, der von der Lunge zum Kehlkopf zieht, kommt es zu einer Vibration der Stimmlippen. Diese Vibration ist für die Stimmgebung (Phonation) von großer Bedeutung, da sie eine messbare Sinusschwingung erzeugt, welche für die Entstehung eines Grundtons verantwortlich ist. Je nachdem wie die Stimmbänder gespannt sind, werden hohe oder tiefe Töne gebildet. Wenn die Stimmbänder kurz sind und leicht gespannt, entstehen tiefe Töne. Sind die Stimmbänder in die Länge gezogen und unter hoher Spannung, dann entstehen hohe Töne.

Anschließend an den Kehlkopf befinden sich Mund, Zunge, Lippen und Zähne, die zusammen mit den Resonanzräumen (Hohlräumen) die Grundtöne formen. Welche Sprachlaute gebildet werden, hängt von der Stellung der Artikulationselemente ab.

Je nachdem wie wir sie einsetzen, kreieren wir einen Laut wie beispielsweise ein „A" oder ein „P". Die tongebenden Organe (Mund, Zunge, Lippen, etc.), die über den Stimmlippen lokalisiert sind, bilden ein Raumsystem, dass auch als Ansatzrohr bezeichnet wird (Abb. 20) (AMON 2000, HAMMANN 2011).

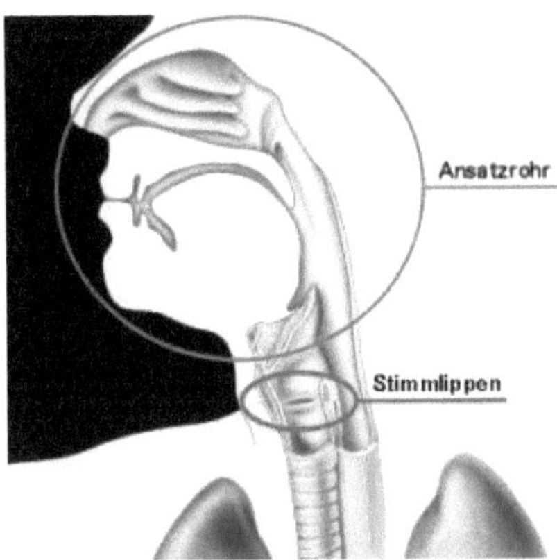

Abbildung 20:
Ansatzrohr
(INTERNET 8)

Neben der Zwerchfell-Atmung gibt es noch eine weitere Möglichkeit, die Lunge mit Luft zu füllen.

2.2 Die Rippenatmung oder Thorakalatmung

Bei der Rippenatmung wird durch die Stellung der Rippen eine Vergrößerung des Thoraxraumes erreicht. Mit Hilfe der äußeren Zwischenrippenmuskulatur (*Mm. Inter-costales externi*) wird der Thorax geweitet und angehoben. Die Ausatmung beginnt, sobald die äußeren Zwischenrippenmuskeln ihre Spannung verlieren und die inneren Zwischenrippenmuskeln (*Mm. intercostales interni*) aktiviert werden (Abb. 21) (SCHWENGLER & LUCIUS 2011, PEZENBURG 2013). „Sie sind Gegenspieler der äußeren Zwischenrippen-muskulatur und verlaufen ungefähr im rechten Winkel zu diesen, also von unten hinten nach oben vorne" (SCHWENGLER & LUCIUS 2011).

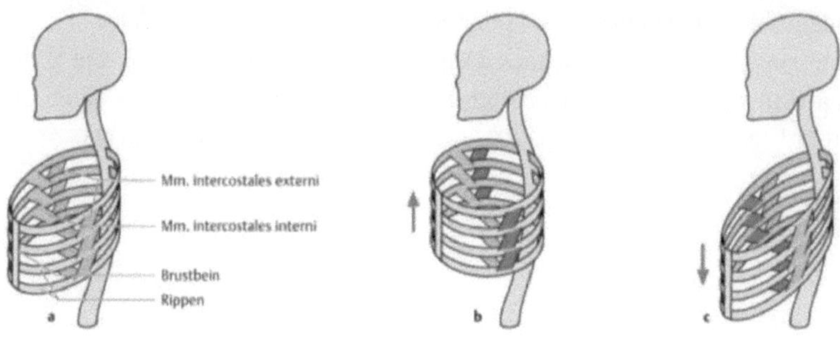

Mm. intercostales externi
Mm. intercostales interni
Brustbein
Rippen
a
b
c
Abb. 10.19 Prinzip der Rippenatmung. In diesem Schema erkennen Sie die Rippen als starre Fassreifen, die den Brustkorb zusammenhalten. Sie können sich aber an der Wirbelsäule nach oben und unten verkippen.
a Die Skizze zeigt die Ruhestellung.
b Wenn sich das Brustbein durch den Zug der inspiratorischen Rippenmuskulatur hebt, dann vergrößert sich automatisch das Volumen des Brustkorbs.
c Umgekehrt senken die Ausatmungsmuskeln das Brustbein und verkleinern das Volumen.

Abbildung 21:
Prinzip der Rippenatmung
(SCHWENGLER & LUCIUS 2011)

2.3 Atemhilfsmuskeln

Unter Atemhilfsmuskeln sind jene zusätzlichen Muskelgruppen zu verstehen, welche in Ausnahmesituationen aktiviert werden. Solche Situationen sind zum Beispiel Atemnot, Husten oder Niesen. Durch die Einnahme der sogenannten ‚Kutscher'-Körperhaltung können die Muskeln noch zusätzlich unterstützt werden. Bei der Kutscher-Körperhaltung wird der Oberkörper im Sitzen nach vorne gebeugt und die Arme an den Oberschenkeln abgestützt (SCHWENGLER & LUCIUS 2011).

3. Stimme und Beruf

Nicht nur als Verkäufer, Arzt, Sekretär, Vertreter, Berater, Pfarrer oder Lehrer, wo man mit Personen kommuniziert, spielt die Stimme eine große Rolle. In etlichen Berufen ist die Stimme sogar Karrierefaktor Nummer Eins. Wie der Titel dieser Diplomarbeit schon verrät: Die Macht gehört denen, die reden können! In anderen Worten: Die Stimme ist ein machtvolles Instrument in der Kommunikation und es sollte versucht werden, sie optimal einzusetzen. Benediktinerpater Anselm GRÜN sagte: „In der Sprache offenbart sich der Mensch. Daher ist es wichtig, auf die Sprache zu achten und zu spüren, was von einem ausgeht. Dabei kommt es nicht nur auf die Worte an, die man sagt, sondern auch auf die Stimme" (HAUGENEDER 2011).

Diese Aussage bestätigt die Kommunikationsforschung. 1981 wurde von dem Psycho-logen Albert Mehrabian seine Studie „Silent Messages" veröffentlicht. Es wurde festge-stellt, dass ca. 93 % der Information durch Stimmklang (dies sind 38 %) und Körper-sprache (dies sind 55 %) transportiert wird und nur maximal 7% des Gesagten über Worte. Dies würde zeigen, dass nonverbalen Signalen viel mehr Bedeutung zukommt, als verbalen Inhalten (MEHRABIAN et al. 1981).

Das ist jedoch nicht ganz richtig, da diese Studie oft auf die gesamte Kommunikation angewendet wird. Die Studie bezieht sich allerdings nur auf Situationen, bei denen eine Haltung oder ein Gefühl vermittelt wird. Wenn zum Beispiel eine Person eine Aussage tätigt und sich der Inhalt und der nonverbale Ausdruck widersprechen, dann überwiegen der Stimmklang und die Körpersprache. Wenn es sich aber primär um Sach-informationen handelt, dann können Wörter nicht außer Acht gelassen werden. Bei einer Vorlesung an der Universität beispielsweise müssen präzise Inhalte vermittelt werden. Dabei würde es wenig Sinn machen, sich bei der Vorbereitung nur auf den Stimmklang und die Körpersprache zu konzentrieren.

Trotzdem sollte man sich bei der Vorbereitung einer Präsentation nicht nur ausschließlich mit dem Inhalt auseinander setzen, sondern sich auch die Frage stellen: Wie transportiere ich mein Wissen und wie kommt es am besten bei meinem Gegenüber an? Optimal wäre es, eine Überleitung von der Sachebene in die Gefühlsebene zu kreieren und umgekehrt (INTERNET 9). Der römische Sprachlehrer Quintilian behauptete, „dass ein mittelmäßiger Inhalt unter der Gewalt eines vollendeten Vortrags mehr Eindruck macht, als der vollendetste Gedanke, bei dem der Vortrag mangelt" (AMON 2010).

Es wurde in verschiedenen Studien gezeigt, dass Ereignisse, die mit Gefühlen in Ver-bindung stehen, besser erinnert werden, als reines Faktenwissen. Der Grund dafür ist, dass durch emotionale Ereignisse ein Botenstoff (Noradrenalin) freige-setzt wird, der Nervenzellverbindungen neu bildet und stärkt (INTERNET 10). Somit kann das Wissen vom Kurzzeitgedächtnis ins Langzeitgedächtnis übertra-gen werden.

Wie eingangs schon erwähnt, gibt es viele Berufsgruppen, die von ihrer Stimme leben und bei denen es von Vorteil wäre, die Stimme bestmöglich zu fördern. Im Folgenden werde ich näher auf die Berufsgruppe des Lehrers eingehen.

3.1 Die Lehrperson

Lehrer sind in ihrem Beruf auf ihre Stimme voll angewiesen, sie brauchen sie zum Vor-tragen, zum Anleiten und Erklären, zum Vorlesen und Diskutieren und manchmal auch zum Ermahnen. Das Hauptziel im Unterricht ist, Inhalte so zu vermitteln, dass sie bei den Schülern ankommen und verstanden werden. Stu-dien von MORTON & WATSON (2001) und ROGERSON & DODD (2015) bestätigen, dass ein Zusammenhang zwischen dem Lernerfolg und der stimmli-chen Leistungsfähigkeit des Lehrers besteht. In Anbetracht dessen ist es nicht nur wichtig, dass ein Lehrer über ein fundiertes Fachwissen und didaktische Fä-higkeiten verfügt, sondern auch weiß, wie die Stimme richtig einzusetzen ist.

Dabei ist anzumerken, dass es nicht nur ‚die eine perfekte Stimme‘ gibt. Jeder Mensch hat bekanntlich einen einzigartigen Fingerabdruck. Tatsächlich ist es so, dass Menschen nicht nur über einen individuellen Fingerabdruck verfügen, son-dern auch genauso über eine einzigartige, individuelle Stimme (HAMMANN 2011). Diese Stimme gilt es zu entfalten und dahingehend zu fördern, dass man im Unterricht noch besser ‚gehört wird‘. Dass das Gesagte noch besser durch eine deutliche Artikulation unterstrichen und der Vortrag noch klangvoller und lebendiger wird.

3.2 Zu Stimmstörungen führende Risikofaktoren

Sprachprobleme bei Lehrern sind als eine weitverbreitete Folge ihrer Arbeit an-erkannt. Es ist ein wichtiges Ziel herauszufinden, welche Risiko- und Einfluss-faktoren zu Stimm-störungen führen. Welchen Risikofaktoren besonders diese

Berufsgruppe der Lehrer ausgesetzt sind, soll im Folgenden näher erläutert werden.

Luft

Die Luftqualität in den Klassenräumen ist ein erster Punkt. In der Studie von MESQUITA DE MEDEIROS et al. (2007) wurde das Belüften in den Klassenräumen von den Lehrern als problematisch eingestuft. 27% der Lehrer gaben außerdem an, an einer Allergie zu leiden. Womöglich ist diese auf zu viel Kreidestaub in der Luft zurückzuführen. PRECIADO-LÒPEZ et al. (2006) sind zu ähnlichen Ergebnissen gekommen.

Die Sichtweise, dass Staub Allergien auslöst ist nachvollziehbar, trotzdem werden Allergien heutzutage oft überbewertet und teilweise nicht richtig diagnostiziert und behandelt. Weiters können auch eine zu trockene oder zu kalte Luft die Atemwege schädigen und in extremen Fällen zu Entzündungen des Kehlkopfes führen. Besonders kann auch zu warme Heizungsluft in den Wintermonaten die Stimme beeinträchtigen (PRECIADO-LÒPEZ et al. 2006, MESQUITA DE MEDEIROS et al. 2007, KUTEJ 2011). Um das Problem der Belüftung zu umgehen, wäre es sinnvoll, neben dem ‚Tafellöscher' auch einen ‚Lüftungsbeauftragten' zu benennen. Als Lüftungsbeauftragter wird jeden Tag ein anderer Schüler ernannt. Dieser Schüler ist zuständig dafür, dass in den Pausen das Fenster geöffnet wird. Zusätzlich zu dieser Person kann es sinnvoll sein, eine Lüftungsampel zu installieren. „Die Lüftungsampel wurde unter der wissenschaftlichen Begleitung des Österreichischen Institutes für Baubiologie und -ökologie direkt aus der Praxis entwickelt. Die Lüftungsampel hat eine gut sichtbare Anzeige der aktuellen Konzentration an CO_2 als Zahlenwert und informiert zusätzlich über Signallämpchen selbst-erklärend über die Notwendigkeit des Lüftens, ähnlich einer Verkehrsampel. Grünes Licht bedeutet „Gute Luft", gelb zeigt an, dass eine verstärkte Lüftung wünschenswert wäre und rotes Licht signalisiert die sofortige Notwendigkeit einer verstärkten Luftzufuhr (z.B. Fenster öffnen) (INTERNET 15).

Lärm

Lärm wird in den Studien von PRECIADO-LÒPEZ et al. (2006) und MESQUITA DE MEDEIROS et al. (2007) als ein weiterer Belastungsfaktor für Lehrer erwähnt. Dies lässt sich gut nachvollziehen, da sich im Schulgebäude viele Menschen aufhalten und feststeht: wo viele Menschen miteinander kommunizieren, kann es auch dementsprechend laut werden. Derjenige, der schon eine Pausenaufsicht hinter sich hat, kennt dieses Phänomen. Ein Blick auf die statistischen Ergebnisse zeigt, dass 91% der Lehrer angeben, dass Lärm eine starke Beeinträchtigung im Berufsalltag darstellt. Lehrer werden jeden Tag mit bis zu 95 Dezibel beschallt. Dies entspricht einem Geräuschpegel eines vorüber fahrenden Lastwagens.

Erwiesen ist, dass sich eine zu hohe Lärmbelastung auf unseren ganzen Organismus negativ auswirkt. Nicht nur Hörschäden können eine Folge von zu viel Lärm sein, sondern auch schwerwiegende Stresssymptome können daraus resultieren. Im schlimmsten Fall kann dauerhafter Lärm Auslöser eines Herzinfarktes sein. Daraus wird ersichtlich, dass Lärmquellen nach Möglichkeit minimiert bzw. entfernt werden sollten. Zudem erhöht man in lauter Umgebung seine eigene Sprechlautstärke und überanstrengt folglich die Stimme.

Stimmstörungen wie zum Beispiel Heiserkeit sind in solchen Fällen typisch. Diese Tatsache lässt deutlich erkennen, dass längeres Sprechen in lauter Umgebung vermieden werden sollte. Bei einer Pausenaufsicht beispielsweise würde es sich anbieten, rein durch Gestik zu vermitteln, dass ein Verhalten unterlassen werden soll (PRECIADO-LÒPEZ et al. 2006, MESQUITA DE MEDEIROS et al. 2007, KUTEJ 2011, INTERNET 16 & 17).

Stress

Der Beruf des Lehrers gehört sicher mit zu den Berufsgruppen, in denen man besonderen psychischen Belastungen ausgesetzt ist. Unterschiedliche Erwartungen seitens der Schüler, der Eltern, der Öffentlichkeit oder zu hoch angesetzte Erwartungen an sich selbst können Energieräuber sein. Auch eine Überforderung kann zu massivem Stress führen. Sei es aufgrund von Verantwortungsbereichen außerhalb der Lehrtätigkeit oder wegen privater Probleme. Die Anzahl der möglichen Faktoren, die als Auslöser von Stress gedeutet werden können, ist schier unendlich.

„Deshalb ist es äußerst wichtig, dass Lehrerinnen und Lehrer nicht versuchen – keuchend und dürstend dem Sisyphos gleich -, den schweren Brocken Bildung den Berg hinauf zu wälzen. Es gilt, Ruhephasen einzuplanen und einen eigenen Rhythmus zu finden" (GEBAUER 2000).

Atmung

Die wenigsten glauben, welch fatale Auswirkungen falsches Atmen auf die Stimme haben kann. Wie der Studie von YIU (2001) zu entnehmen ist, wurde falsches Atmen von bereits tätigen und auch angehenden Lehrern als die häufigste Ursache von Stimmstörungen identifiziert. Ökonomisches Atmen kann leider nicht immer gewährleistet werden. Der Grund dafür kann eine nicht ausreichend ausgebildete Muskulatur im Bereich des Zwerchfelles und der Zwischenrippenmuskulatur sein. Eine fehlerhafte Körperhaltung kann ebenfalls zu einer Verspannung dieser Muskulatur führen und in Folge dessen, zu einer eingeschränkten Stimmfunktion. Übungen für eine entspannte Atmung finden Sie im Teil ‚Stimmhygiene' auf Seite 48 und 49 unter 5.3 (AMON 2000 & YIU 2001).

Reflux

In der Studie von PRECIADO-LÒPEZ et al. (2006) gaben die Hälfte der untersuchten AHS-Lehrer an, immer wieder von Entzündungen in den oberen Atemwegen betroffen zu sein. Interessant ist, dass die Ursache einer Entzündung im Kehlkopfbereich oft auf eine Reflux-Erkrankung hinweist. Unter dem Begriff ‚Reflux-Erkrankung' werden verschiedenste Symptome zusammengefasst. Einige davon sind: Heiserkeit, Stimmermüdung, chronischer Husten, Schluckstörungen, saures Aufstoßen, chronischer Räusper-Zwang oder vermehrte Schleimsekretion. Die Ergebnisse von PRECIADO-LÒPEZ et al. (2006) bestätigen den Verdacht, dass Entzündungen im Halsbereich die Folge von Reflux-Erkrankungen sein können. 20% der Studienteilnehmer litten an einem gastroösophagealen Rückfluss. Dies gibt genügend Anlass dazu, sich als Lehrperson mit dem Thema zu beschäftigen und Vorbeugungsmaßnahmen zu treffen. Eine Maßnahme könnte sein, darauf zu achten, genügend zu trinken und somit die Schleimhaut feucht zu halten. Anbieten würde sich Tee oder Wasser. Von säurebildenden Getränken wie Kaffee, Alkohol oder Kohlensäure ist abzuraten. Weiterführend tragen auch Ernährungsgewohnheiten zur stimmlichen Fitness bei. Wichtig ist, Mahlzeiten regelmäßig zu sich zu nehmen und die Nahrungsaufnahme an den biologischen Rhythmus anzupassen (PRE-CIADO-LÒPEZ et al. 2006, KUTEJ 2011).

Nikotin

Bezüglich des Zusammenhangs zwischen Nikotinkonsum und Stimmstörungen gibt es kontroverse Studienergebnisse und Sichtweisen. In den Studien von PRECIADO-LÒPEZ et al. (2006) und MESQUITA DE MEDEIROS et al. (2007) wurden keine signifikanten Zusammenhänge zwischen Rauchen und daraus resultierenden Stimmerkrankungen gefunden. Ein Grund dafür, könnte die nach KUTEJ (2011) geringe Anzahl an Lehrpersonen sein, die rauchen (10% mit regelmäßigem Nikotinkonsum). Dies ist im Vergleich zu anderen Berufsgruppen ein eher geringer Wert. Die Internetseite statista.com gibt an, dass 36% aller Bergleute und Mineralgewinnler Raucher sind, somit den höchsten Anteil an Rauchern in den Berufsgruppen darstellen. Die geringste Anzahl an Rauchern findet man in sozialen Berufen (INTERNET 14). Nichts desto trotz können diese Ergebnisse nicht zu 100% bestätigen, dass das Rauchen keinen Einfluss auf die Stimme hat. Denn fest steht, dass Rauchen neben zu intensivem Alkoholkonsum und Luftverschmutzung zu den häufigsten Ursachen für die Entstehung von Kehlkopfkarzinomen zählt. Solche Karzinome können wiederum die Stimme erheblich beeinflussen (PRECIADO-LÒPEZ et al. 2006, MESQUITA DE MEDEIROS et al. 2007, KUTEJ 2011).

Häufigkeit & Auswirkungen von Stimmstörungen auf das tägliche Leben

In der 2010 publizierten Studie von BERMÚDEZ DE ALVEAR et al. wurde die Häufigkeit einer Stimmstörung geschätzt, basierend auf der stimmlichen Anstrengung und zweier daraus resultierender Symptome. 282 Kindergarten- und Grundschullehrer wurden in einer Querschnittstudie unter Verwendung eines selbst auszufüllenden Fragebogens befragt. Die Ergebnisse zeigten, dass 81,5 % der Lehrer über gewisse stimmliche Anstrengungen berichteten und mehr als 60% der Probanden häufig Halsparästhesien (schmerzhafte Körperempfindungen im Halsbereich) oder Stimmermüdung am Ende eines Arbeitstages aufwiesen. Weitere 55% berichteten über Heiserkeit und die Stimm-störungs-Prävalenz betrug 59%. Beim weiblichen Geschlecht sind diese Symptome noch ausgeprägter, da sie ihre Stimme ausgedehnter einsetzen. Die Stimmprobleme nahmen zu, je disziplinloser die Schüler und Schülerinnen waren (BERMÚDEZ DE ALVEAR et al. 2010).

Diese Ergebnisse bestätigen auch Studien von HOFINGER et al. (2000) und MESQUITA DE MEDEIROS et al. (2007). In der Studie von HOFINGER et al. (2000) spricht man von 61% der Lehrer, die eine Beeinträchtigung der Lebensqualität aufgrund einer Stimmstörung aufwiesen. Bei MESQUITA DE MEDEIROS et al. (2007) lag der Anteil bei 52%.

Zu beachten ist bei diesen Studien jedoch, dass die Probanden mithilfe eines Frage-bogens befragt wurden. Fragebögen lassen sehr viel Spielraum bezüglich der subjektiven Empfindungen, ab wann eine Einschränkung der Lebensqualität durch eine gestörte Stimmgebung vorlag. In Bezug auf den Geschlechterunterschied lag der Anteil von Lehrern, die mindestens 1x in der Woche Stimmprobleme hatten, bei 12%, 2005 gab es bereits einen Anstieg auf 29%. Interessant ist auch, dass Lehrer, die an einer Militärschule unterrichteten, an der eine sehr strenge Disziplin galt, kaum Stimmprobleme auftraten. Hier lag der Wert bei nur 1,7% (HOFINGER et al. 2000, MESQUITA DE MEDEIROS et al. 2007).

In einer Studie von CHEN et al. (2010) wurden Risikofaktoren und Auswirkungen auf die Stimme untersucht. Verglichen wurden dabei Lehrpersonen mit Stimmstörungen mit jenen ohne Stimmstörungen. Diese Studie unterscheidet sich somit von vielen anderen Studien, wo unterschiedliche Berufsgruppen analysiert wurden.

Oft waren bei letzteren Studien keine eindeutigen Ergebnisse zu erkennen, da nicht nur Ergebnisse von Lehrern berücksichtigt wurden, sondern auch jene von Call-Center Mit-arbeitern oder anderen Berufsgruppen (RICHTER 2010). Die Ziele der Studie von CHEN et al. (2010) waren zum einen zu vergleichen, inwiefern sich Risikofaktoren, welche zu Stimmstörungen führen, zwischen diesen beiden Gruppen unterscheiden und zum anderen, Auswirkungen von Stimmstörungen auf das tägliche Leben in beiden Gruppen zu untersuchen. 170 Fragebögen wurden dazu gesammelt. Die Probanden wurden in eine Stimmstörungsgruppe (voice disorder group = VD) und in eine Nicht-Stimmstörungsgruppe (no voice disorder group = NVD) eingeteilt. Mittels Chi-Quadrat-Test wurden die wesentlichen Unterschiede diverser Faktoren und Parameter der VD und NVD Gruppe erhoben: Lebensgewohnheiten, Unterrichtsmerkmale, Gesundheitszustand, Stimmsymptome und körperliche Beschwerden.

Es zeigte sich, dass in der VD-Gruppe ein signifikant höheres Risiko zur Verwendung einer lauten Stimme im Unterricht bestand, als in der NVD- Gruppe. Bei der Gruppe mit Stimmproblemen war außerdem noch eine Reduktion der Kommunikationsfähigkeit zu beobachten, die sich durch abnehmende Telefonate bestätigte. Generell war eine Reduzierung der gesamten sozialen Fähigkeiten zu sehen. Dies wirkte sich auch auf den gesamten emotionalen Zustand aus und konnte das tägliche Leben erheblich beeinträchtigen (CHEN et al. 2010).

Als Fazit aus dieser obigen Studien kann man sagen, dass Stimmstörungen die meisten Lehrer beeinflusst (= Verwendung einer lauten Stimme im Unterricht) und sie eine multifaktorielle Natur besitzen. Neben den rein körperlichen Beschwerden wie Heiser-keit oder Stimmermüdung können oft auch psychische Probleme, wie Depressionen die Folge von Stimmproblemen sein. Wie die vorgestellten Studien zeigen, implizieren die Ergebnisse die Notwendigkeit eines vorbeugenden Stimm-Pflegeprogramms für Lehrer.

Notwendigkeit eines Trainingsprogramms

Dass die Trainingsprogramme deutlich positive Auswirkungen auf die Sprachqualität und Stimmkapazität haben, zeigt eine von RICHTER et al. (2015) veröffentlichte Studie. In dieser Studie wurde die Wirksamkeit eines präventiven Trainingsprogramms auf die Stimmgesundheit deutscher Lehramtsstudenten auf spezifische Stimmparameter unter-sucht. Die 204 Studenten wurden in zwei Gruppen eingeteilt. Eine Gruppe genoss ein Trainingsprogramm zur Verbesserung der Stimmqualität. Die andere Gruppe übernahm die Funktion der Kontrollgruppe. Die Stimmqualität beider Gruppen wurde zu Beginn und am Ende der Lehramts-Ausbildung gemessen. Wie dieses Programm genau aussah, dazu konnten leider keine Informationen gefunden werden.

Nach 1,5 Jahren hatte sich die Stimmqualität der Versuchsgruppe mit Trainingsprogramm insofern zum positiven entwickelt, als sie ihre Stimmqualität besser aufrecht-erhalten konnten. Zusammenfassend kann man sagen, dass ein Trainingsprogramm für die Stimme einen deutlich positiven Einfluss auf die Sprachqualität und Stimmkapazität hat. Die Ergebnisse zeigen, dass ein solches Training in der Bildung und Berufsroutine von Lehrern integriert werden sollte (RICHTER et al. 2015).

4. Wirkung der Stimme

4.1 Stimme und Persönlichkeit

Die Stimme gehört untrennbar zu unserer Persönlichkeit. Nicht nur die körperlichen Voraussetzungen nehmen Einfluss auf die Stimme. Sie gibt auch Aufschluss darüber, in wie fern es einem Menschen möglich ist, sich selbst zu repräsentieren. Außerdem verrät die Stimme einer Person viel über ihr aktuelles Gesamtbefinden. Sie drückt die Gedanken und Gefühle aus, die gerade präsent sind. Logopäden berichten darüber, dass Patienten nach einigen Behandlungen nicht nur ihre Stimme verbesserten, sondern auch das allgemeine Befinden positiver wurde. Ganz im Sinne des Sprichworts: „Stimme macht Stimmung".

Das heißt, dass der Stimmklang einer Person an den aktuellen Zustand angepasst wird. Wenn eine Person beispielsweise ängstlich oder nervös ist, wird dies hörbar sein, egal ob man es will oder nicht. Stimmblockaden treten auf, oder eine unnatürliche Stimm-lage wird eingenommen. Bei Personen, die vor Vorträgen nervös sind, kommt es vor, dass die Stimme oft höher und enger wird, als sie im Normalfall ist. Gerade dann, wenn man versucht, jemanden laut und kräftig von seinen Argumenten zu überzeugen und verkrampft versucht, dabei auch noch authentisch zu wirken, kann dies die Stimme überanstrengen. Ökonomisches Sprechen ist somit nicht mehr möglich. Äußerlich können wir zwar versuchen, durch Gestik unser Gegenüber zu täuschen, aber wenn wir zu sprechen beginnen, können wir jemanden nur schlecht etwas vormachen. Der Grund dafür, sind die über hundert Sprechmuskeln, die auf unser Befinden reagieren. Somit reagiert die Stimme schonungslos und meist unbewusst (AMON 2000, FISCHBACHER 2008, HAUGENEDER 2009).

Genauso schonungslos wie die Stimme auf unser Befinden reagiert, schließen die meisten Menschen von der Stimme aus auf den Charakter ihres Gesprächspartners.

4.2 Die Tonhöhe macht den Ton

Welchen Rednern hört man besonders gerne zu? Denen, die eine kraftvolle Stimme haben, enthusiastisch vortragen und dabei auch ein bisschen gestikulieren. Einfach gesagt jenen, bei denen man sich wohlfühlt, denen man gut folgen kann. Der Zuhörer möchte es bequem haben, er möchte sich nicht anstrengen müssen beim Zuhören. Dies kann man erreichen, indem man versucht, einen passenden Sprechfluss zu gestalten. Das bedeutet, zu versuchen Pausen zu setzen, nicht zu schnell oder zu langsam zu sprechen. Weiters gilt, so wenig Verzögerungslaute wie möglich in den Vortrag einzubauen. Ein immer wieder kehrendes ‚ähm' im Vortrag kann als sehr störend empfunden werden (AMON 2000, HAUGENEDER 2011).

Abgesehen davon ist die Tonhöhe ein wichtiger Bestandteil eines gelungenen Vortrags. In einer Studie von MONTEPARE & ZEBROWITZ-McARTHUR, publiziert 1987 im Journal of Experimental Social Psychology, wurde versucht, die stimmlichen Merkmale von weiblichen und männlichen Sprechern mit Eigenschaften wie Schwäche, Kompetenz und Wärme in Beziehung zu setzen. Man fand herausgefunden, dass tiefe Stimmen positiver beurteilt werden, als hellere Stimmen. Personen mit tiefen Stimmen wird eher Vertrauen geschenkt, sie wirken kompetenter und glaubwürdiger.

Diese Ergebnisse lassen sich durchaus nachvollziehen, wenn man an die sonore Stimme des Nikolaus oder des Großvaters denkt, die ein warmes, vertrautes Gefühl aufkommen lassen. Nichts desto trotz bedarf es noch weiterer, genauerer Studien, um diese allgemeine Aussage, „tiefe Stimmen werden lieber gehört", zu verifizieren.

Vivien ZUTA, Phonetikerin und Autorin des Buches „Warum tiefe Männerstimmen doch nicht sexy sind", untersuchte in ihrem Werk den Zusammenhang zwischen tiefen Stimmen und Sexappeal. Frauen sollten in ihrem Versuch nur durch reines hören einer Männerstimme auf deren äußeres Erscheinungsbild schließen.

Überraschender Weise stimmte das optische Bild, dass sich die Frauen machten, in den meisten Fällen keineswegs mit dem tatsächlichen Aussehen eines Mannes überein. Signifikant war, dass Männer mit einer kräftigen Stimme auch oft als groß und kräftig eingeschätzt wurden. Das gleiche Phänomen kann man bei einem Telefonat mit einer unbekannten Person beobachten.

Automatisch generiert man ein Bild von der Person am anderen Ende der Leitung. Wenn man diese Person in Natura trifft, stellt sich oft heraus, dass das Bild völlig falsch war.

Weiter kam sie zu dem Schluss, dass tiefe Stimmen, „wenn sie zu langsam und monoton klingen", nicht sexy wirken. „Frauen bevorzugen Stimmen, die gelassen, interessiert und selbstsicher klingen – und diese können auch hoch sein", schreibt ZUTA. Männer hinge-gen bevorzugen weibliche, sanfte Frauenstimmen. Zusammengefasst: Stimmen, die über eine angenehme Sprachmelodie verfügen (ZUTA 2008).

4.3 Die eigene Stimme

Kaum jemand kann seine eigene Stimme richtig einschätzen, obwohl wir sie jeden Tag in Gebrauch haben. Wenn eine Tonaufnahme der Stimme angehört wird, erscheint das Gehörte oft merkwürdig. Die Stimme hört sich ganz anders an als sonst, irgendwie fremd. Wissenschaftlich lässt sich dieses Phänomen schnell erklären. Der Grund dafür ist jener, dass die Schallwellen, die wir durch das Sprechen produzieren, zwei unterschiedliche Richtungen zum Ohr einschlagen. Man unterscheidet hier zwei Arten von Schall, zum einen den Luftschall (Abb. 22 & 23), zum anderen den Knochenschall. Ersterer nimmt den Weg aus unserem Mund über die Luft zu unserem Gehörgang. Genauer gesagt zu unserem Trommelfell. Der Luftschall ist auch jener, den unsere Gesprächspartner als unsere Stimme wahrnehmen.

Der Knochenschall hingegen bringt unsere Knochen zum Vibrieren und leitet im Inneren des Kopfes den Schall an das Innenohr. Die Übertragung erfolgt genauer gesagt über die Halswirbelsäule zum Schädel und über das Kiefergelenk zum Mittelohr. Hören kann man den Knochenschall, wenn man sich die Ohren zuhält und leise etwas sagt. Erstaunlich ist daran, dass man, obwohl man keinen Luftschall wahrnehmen kann, trotzdem durch die Knochen hört, was gesagt wird (GOLDHAN 2009, INTERNET 11).

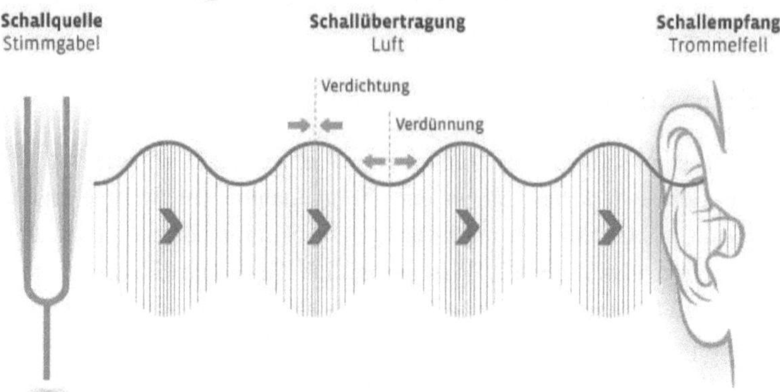

Abbildung 22:
Schallübertragung durch Luft
INTERNET 12)

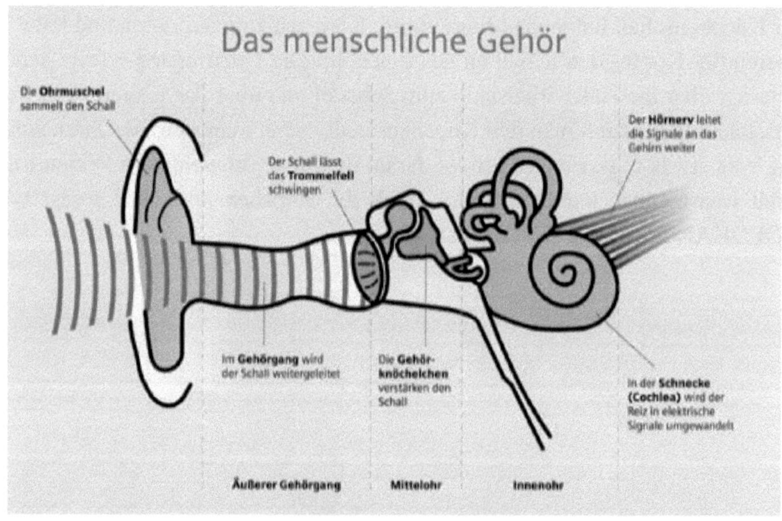

Abbildung 23:
Das menschliche Gehör. So gelangt der Schall von der Ohrmuschel bis zum Gehirn
(INTERNET 13)

4.5 Wer Stimme hat, hat Macht

Jemand, der sich seiner eigenen Stimme bewusst ist und weiß, wie er damit umgeht, kann sich das Leben um einiges erleichtern. Jeder kennt dieses nervöse Gefühl, das aufkommt, wenn man vor einer größeren Gruppe etwas sagen muss. Ich rede jetzt nicht nur von einem Vortrag vor fremden Personen, sondern auch von Situationen wie Geburtstagsreden innerhalb der Familie. Auch im vertrauten Umfeld kann es passieren, dass uns unsere Stimme im Stich lässt.

Wäre es nicht schön, wenn man die Stimme in solchen Situationen wie eine Maske einsetzen könnte? Wenn wir uns durch die Stimme abschirmen könnten von der Nervosität und anderen präsenten Gefühlen wie zum Beispiel Ärger. Dies soll nicht heißen, dass man nie Gefühle zulassen soll. Im privaten Leben ist es durchaus okay, wenn jemand merkt, wenn man verärgert ist. Aber in Vorträgen, wo man kompetent und überzeugend wirken möchte, sollte man seine eigenen negativen Gefühle außen vor lassen.

Im Folgenden möchte ich genau darauf näher eingehen. Ich möchte das Phänomen ‚Lampenfieber‘ erklären und versuchen zu erläutern, wie man lernt, mit diesem Gefühl besser umzugehen.

4.6 Lampenfieber

Wie der deutsche Rhetorik-Trainer Gerhard REICHEL einmal sagte: „Das Gehirn funktioniert wunderbar bis zu dem Moment, in dem man eine Rede halten muss." Schweißnasse Hände, Stressflecken, Herzklopfen, Magendrücken und ein Knödel im Hals sind nur einige der körperlichen Erscheinungen, die in solchen Situationen auf-treten. Auch seelisch und geistig fordert uns ein solcher Moment. Fluchtgedanken tun sich auf. Ganz nach dem Motto: „Ich muss hier weg". Ängste, dass man versagen könnte oder sich blamiert, sind auch eine häufige Erscheinung. Schnell wird einem klar, dass es unter diesen Umständen kaum möglich sein wird, mit klarer, fester Stimme zu sprechen.

Zum Thema Lampenfieber gibt es eine gute und eine schlechte Nachricht. Die gute zuerst: Lampenfieber bringt dich nicht um. Wie oft war man schon in solch einer Situation und denkt sich jetzt im Nachhinein: „War doch gar nicht so schlimm!". Die schlechte Nachricht: Ohne nervös zu sein, wird es kaum je möglich sein, einen Vortrag zu halten.

Im Folgenden werden ein paar Strategien und Fakten vorgestellt, die helfen sollen, mit Lampenfieber besser umzugehen und dieses Phänomen besser kennenzulernen:

Lampenfieber halbieren

Stellen Sie sich vor, sie halten einen Vortrag. Betrachtet auf einer Nervositätsskala sind sie zu Beginn am Level 9 von 10, also sehr nervös, haben schweißnasse Hände und rote Backen. Eine Situation passend dazu habe ich selbst in meinem Stimmbildungs-Seminar erlebt. Jeder Kursteilnehmer musste am Ende des Seminars ein Gedicht vor der Kurs-runde vortragen. Diesen Vortrag konnte man für persönliche Zwecke mitfilmen. Da ich ein sehr kurzes Gedicht gezogen hatte, habe ich beschlossen, es auswendig zu lernen und vorzutragen. Zuhause konnte ich das Gedicht einwandfrei präsentieren, ohne den Text anzusehen. Am Aufführungstag allerdings entfiel mir in der Mitte des Gedichts plötzlich der Übergang zum nächsten Absatz. Völlig nervös habe ich nach meinem Zettel in der ersten Bankreihe gegriffen und nachgesehen, wie es weitergeht. Selbst habe ich diese Situation als sehr störend empfunden. Später auf dem Video betrachtet fiel es aber kaum auf. Es sah beinahe so aus, als wollte ich absichtlich eine Pause setzen. Auch meine Nervosität zu Beginn war mir nicht anzusehen. Wie aus dieser Situation ersichtlich ist, kann man getrost annehmen, dass sich Lampenfieber nie hundertprozentig von uns auf das Publikum überträgt. Womöglich nicht einmal zur Hälfte. Außerdem kann das Publikum bei richtig gesetzten Pausen besser folgen und man verhaspelt sich nicht beim Sprechen. Wenn man dazu neigt, dass die Stimme zu zittern beginnt oder man die Worte verschluckt, kann es hilfreich sein, ein bisschen lauter zu reden. Oft spricht man deutlicher, wenn man versucht, lauter zu sprechen (AMON 2000, INTERNET 18).

Lampenfieber hat jeder

Nicht nur man selbst ist geplagt von diesem Gefühl. 80% aller Führungskräfte geben an, darunter zu leiden. Die meisten Schauspieler und Sänger kennen es. Bei alten Hasen im Showbusiness, wie Robbie Williams oder Sängerin Adele würde man vermuten, dass sie ganz entspannt einen Auftritt hinlegen. Obwohl sie bereits hunderte Auftritte hinter sich haben, ist es immer wieder ein mulmiges Gefühl, aufzutreten. Sängerin Adele beschrieb sogar, dass sie sich früher vor Lampenfieber übergeben habe. Die Tatsache, dass es jedem ähnlich ergeht, sollte uns beruhigen (AMON 2000, INTERNET 19).

Lampenfieber spornt an

Lampenfieber kann uns zu Höchstleistungen antreiben. Durch die erhöhte Konzentration und innere Spannung, die beim Vortrag herrscht, passiert es kaum, dass man etwas vergisst. Wenn man doch einmal etwas vergessen sollte, ist es auch kein Weltuntergang. Zu unseren Gunsten, kennt das Publikum schließlich den Ablauf des Vortrags nicht. Was gleich zum nächsten Punkt führt:

Vorbereitung gegen Lampenfieber

Eine gute Vorbereitung ist die halbe Miete. Man ist schließlich der Experte, welcher vor dem Publikum auftritt. Sei es als Vorstand in einer Firma oder als Lehrer im Klassenraum. Als Experte weiß man immer mehr, als der Laie. Um mehr Sicherheit zu gewinnen, empfiehlt es sich, den Einstieg einige Male zu proben. Bei schwierigen Passagen oder Punkten, welche Fragen aufkommen lassen könnten, sollte man sich im Vorfeld überlegen, welche Antworten darauf passen würden. Bekanntlich löst sich das Lampenfieber in Luft auf, sobald man einmal einen Rhythmus gefunden hat.

Lampenfieber schafft eine Brücke zum Publikum

Lampenfieber ist so lange präsent, bis man glaubt, eine Verbindung mit dem Publikum hergestellt zu haben. Ein Lächeln dort, ein Witz da, und schon hat man Kontakt hergestellt. Redner, die das Publikum ignorieren und über deren Köpfe hinwegreden, schätzt man oft als arrogant ein. Es wirkt so, als würden sie gegenüber dem Publikum keine Wertschätzung zeigen. Um dies zu erreichen, kann man versuchen, durch Fragen oder kleine Gesten die Zuhörer mit einzubinden und direkt anzusprechen. Außerdem sollte man versuchen, nicht zwanghaft ‚locker' zu wirken oder Redearten anderer Personen zu imitieren. Diese wirken schnell gekünstelt.

Wenn man sich diese Punkte zu Herzen nimmt, dann scheint Lampenfieber gar kein großes Thema mehr zu sein. Ingrid AMON (2000) vergleicht das Lampenfieber vor einem Vortrag mit dem Lampenfieber vor einem Rendezvous. Die Symptome, welche dabei auftreten, sind genau die gleichen: Herzklopfen und Schmetterlinge im Bauch. Bei mir Persönlich sind es zwar keine Schmetterlinge aber dennoch ein flaues Gefühl in der Magengegend. Der Unterschied, zwischen einem Date und einer Vortragssituation ist allerdings, dass man vor einem Rendezvous nie die Idee hätte, einfach nicht hinzugehen. So ergibt sich die Konklusion: Trotz Lampenfiebers redet man. Genauso ungewiss wie beim Rendezvous, weiß man auch bei einem Vortrag nicht, wie dieser ausgehen wird. Aber um dies herauszufinden, muss man sich der Herausforderung stellen und hingehen (AMON 2000, INTERNET 18).

Wie Ernst FERSTL in seinem Buch „Gedankenwege" (2009) schreibt: „Jede neue Herausforderung ist ein Tor zu neuen Erfahrungen".

Praxistipps

Lampenfieber darf man ruhig zugeben, aber seine eigene Leistung sollte man dabei nicht abwerten. Ein plumpes: „Es tut mir leid, ich bin nervös." kommt am Anfang des Vortrags eher negativ beim Publikum an. Es klingt, als wolle man darauf vorbereiten, dass ein mangelnder Vortrag folgt.

So könnte man laut AMON (2000) einen Vortrag beginnen:

• „Sehr geehrte Damen und Herren, mir ist sichtlich etwas heiß geworden, dass nun ich Ihnen diesen Vortrag halten soll, aber ich nehme die Herausforderung an."

• „Meine Damen und Herren, obwohl mir mein Herz bis zum Hals schlägt und meine Hände zittrig sind, möchte ich Ihnen meinen Vortrag nicht vorenthalten."

• „Guten Morgen meine Damen und Herren, ich möchte Sie zum heutigen Workshop sehr herzlich begrüßen. Mein Herz springt zwar vor Aufregung hin und her, aber mein Vortrag wird weniger sprunghaft sein, denn es geht heute um das interessante Thema XYZ."

Wenn man unvermutet einspringen muss:

• „Meine sehr geehrten Damen und Herren, Sie werden sicher überrascht sein, dass ich diesen Vortrag halte, eine Überraschung war's auch für mich. Es freut mich jedoch sehr, Sie begrüßen zu dürfen (AMON 2000)."

5. Stimmhygiene

5.1 Ökonomisch Sprechen

Was heißt es überhaupt ökonomisch zu sprechen? Darunter versteht man ein sprechen, bei dem man sich nicht anstrengen muss und bei dem man trotzdem einen optimalen Stimmklang erzeugen kann. Also eine Stimme, welche weder zu kräftig noch zu leise, zu hart oder zu weich, zu hoch oder zu tief, zu monoton, zu nuschelnd oder zu zittrig klingt. Unökonomisches Sprechen kann schnell Auslöser einer Reflux-Erkrankung (siehe Seite 28) sein. Um ökonomisch sprechen zu können, müssen verschiedenste Faktoren berücksichtigt werden. Beginnend bei der Körperhaltung, über die Atmung bis hin zur Artikulation. Ein wesentlicher Aspekt dabei ist auch noch die richtige Pflege der Stimme.

Wenn man den oberen Absatz liest, wird einem bewusst, dass viele verschiedene Körperpartien bei der Stimmerzeugung mitwirken und eine bedeutende Rolle beim Erzeugen des richtigen Stimmklangs spielen. Es scheint gar nicht so einfach zu sein, die Stimme richtig einzusetzen. In diesem Kapitel möchte ich eine Sammlung von Übungen vorstellen, die helfen sollen, das Beste aus ihr herauszuholen.

Die präsentierten Übungen sollen einen kleinen Einblick in die Vielzahl der möglichen Stimmübungen geben (HAUGENENDER 2009).

5.2 Die Körperhaltung

Wenn man an Fernsehmoderatoren denkt, Journalisten, Firmenvorstände, die etwas zu sagen haben, fällt einem eines auf. Sie alle bemühen sich um einen aufrechten Stand. Genauso kann man im Sitzen eine gute Haltung beweisen. Es wäre von Vorteil, im vorderen Drittel des Sessels zu sitzen, um eine gerade Wirbelsäule zu erreichen. Außerdem hat man so die Hände zum gestikulieren frei. Mit einer adäquaten Körperhaltung wird dem Zuhörer signalisiert, dass jetzt der Zeitpunkt ist, in dem etwas Wichtiges gesagt wird. Es macht einen großen Unterschied, ob man bequem in einem Sessel sitzt und nur mitredet, oder ob man aufrecht sitzt, wenn ein ausschlaggebendes Argument gebracht wird.

Ein Stuhl oder ein Hocker werden für diese Übung benötigt. Ziel ist es, in seinem Körper drei rechte Winkel zu bilden. Die Fußsohlen zum Unterschenkel bilden dabei den ersten 90 Grad Winkel. Die Füße müssen dabei nicht unbedingt parallel zueinander sein. Der zweite rechte Winkel wird durch die richtige Stellung des Unterschenkels zum Oberschenkel gebildet. Diesen Winkel kann man erreichen, indem man eine passende Stuhlhöhe auswählt. Oberschenkel und Oberkörper bilden den Dritten Winkel. Wichtig ist dabei, dass man sich nicht gemütlich anlehnt, sondern die Wirbelsäule so ausrichtet, dass kein Hohlkreuz und auch kein Buckel gebildet werden. Der Kopf nimmt eine gerade Haltung ein, wie wenn man eine Krone tragen würde oder ein Buch auf dem Kopf balancieren lässt. Die Hände liegen entspannt auf den Oberschenkeln (HAUGENEDER 2009, HAMMANN 2011).

Diese Haltung beschreibt die perfekte physiologische Sitzhaltung. Wenn man diese Haltung einnimmt wird man nach einiger Zeit feststellen, dass diese alles andere als bequem ist und man nach und nach unbewusst in die alte Körperhaltung zurückfällt. Eines muss einem jedoch bewusst sein, nämlich, dass es keineswegs bedeutet diese Haltung immer einzunehmen. Damit soll nur gezeigt werden, wie unserer Körpermitte optimal entspannt wird und der Atem ungehindert strömen kann. Das heißt, jedes Mal wenn man beabsichtigt etwas im Sitzen zu sagen bzw. eine Rede zu halten, wäre es sinnvoll, sich in diese Haltung zu begeben. Dies setzt allerdings voraus, dass man davor übt, längere Zeit in dieser Sitzposition verharren zu können. Optimal wäre, mehrmals am Tag diese Haltung einzunehmen, um die Muskeln schrittweise daran zu gewöhnen. Bekanntlich macht die Übung den Meister.

Wie bei jedem Training gilt, diese Übungsphasen nicht zu übertreiben und sie nur ein paar Minuten auszuführen. Wenn bewusst auf die Atmung geachtet wird, kann man tatsächlich feststellen, dass es sich leichter atmet, wenn man aufrecht sitzt. Im Gegensatz dazu erkennt man rasch die Verlagerung des Atems, wenn man im Sessel lungert. Die Wirbelsäule sackt zusammen und der Atem verlagert sich nach oben. Durch die Stellung der Körpermitte zur Hüfte ist man automatisch in der Atembewegung eingeschränkt und die Atmung läuft hauptsächlich im Brustraum ab.

Abbildung 24:
Physiologische Sitzhaltung
(Eigene Aufnahme)

Physiologische Stehhaltung

Um die richtige physiologische Stehhaltung (Abb. 25) einzunehmen, kann man sich wieder an Winkeln orientieren. Wie bei der Sitzhaltung sollten Fußsohle und Unterschenkel einen rechten Winkel bilden. Mindestens einer der Fußsohlen sollte dabei permanent festen Kontakt zum Boden haben. Durch diesen Stand wird dem Körper mehr Sicherheit vermittelt. Das heißt, sobald man merkt, dass sich Nervosität bemerkbar macht (am Ring drehen, an der Kleidung zupfen, etc.), sollte an die richtige Fußstellung gedacht werden. Die Vorstellung, dass die Fußsohle durch Wurzeln mit dem Boden in Verbindung steht, kann dabei durchaus hilfreich sein.

Auch wenn einem die Knie zittern, sollten diese nicht nach hinten gedrückt werden, sondern locker gehalten werden. Wenn man einen festen Stand einnimmt, fallen zitternde Knie außerdem weniger auf.

Das Becken sollte so ausgerichtet werden, dass die Wirbelsäule gerade bleibt. Ein Hohlkreuz soll so vermieden werden. Jemand, dem ein fester Stand eher schwer fällt, hat die Möglichkeit, durch ein leichtes Rotieren der Hüfte etwas Bewegung und Schwung in den Vortrag zu bringen. Wichtig ist, dass hier die Rede ist von zwei bis drei Zentimetern. Das Vorteilhafte bei diesen minimalen Bewegungen der Hüfte ist, dass sie dem Publikum kaum auffallen werden und einem selbst ein sicheres Gefühl gegeben wird (AMON 2000, HAMMANN 2011).

Nun zu den Händen. Moderatoren haben oft Kärtchen oder Kugelschreiber in der Hand. Außerdem haben sie oft zusätzlich noch ein Rednerpult zur Verfügung, um die Hände möglichst gut zu beschäftigen. Was aber tun, wenn keines dieser Hilfsmittel zur Verfügung steht? Ingrid AMON (2000) schlägt vor, sobald als möglich zu versuchen, den Vortrag mit Gestik zu begleiten. Auch hier ist ein guter Stand von Vorteil. „Wenn Sie gut stehen, passt Ihre Gestik immer zu Ihnen!" (AMON 2000). Da die meisten von uns nichts zu verbergen haben, sollten die Hände immer gezeigt werden. Und zwar sollten sie am Besten im Bereich des Bauchnabels ihren Platz finden und nicht in einer Hosentasche. Die Hände können entweder locker ineinander liegen oder man bildet mit der einen Hand eine leichte Faust im Bereich des Bauchnabels und lässt die andere Hand locker seitlich entlang des Oberschenkels hängen.

Etwas weiter oben, bei den Schultern, sollte darauf geachtet werden, dass sie nicht nach vorne ziehen und auch nicht verkrampft nach hinten. Durch kleine

Kreisbewegungen und regelmäßigen Massagen kann eine lockere Schultermuskulatur erzielt werden. Wie immer gilt: Nicht übertreiben!

Zu guter Letzt kommt der Kopf. Wie schon bei der physiologischen Sitzhaltung beschrieben wurde, sollte der Kopf gerade nach vorne gerichtet sein wie beim Tragen einer Krone. Man sollte dabei darauf achten, dass diese imaginäre Krone nicht nach vorne wegkippt und auch nicht nach hinten rutscht (AMON 2000, HAMMANN 2011).

Abbildung 25:
Physiologische Stehhaltung
(Eigene Aufnahme)

5.3 Übungen für eine entspannte Atmung

Jetzt gerade in diesem Moment, während dieser Satz gelesen wird, atmet man mit Sicherheit ‚richtig' und vor allem effizient, sonst wäre man nicht in der Lage, dies zu lesen. Was bedeutet nun aber richtig atmen? Wie sieht eine richtige Atemtechnik aus? Gibt es so etwas überhaupt?

Genauso wie jeder Mensch eine einmalige Stimme hat, gilt auch hier, jeder Mensch hat zwar die gleichen Voraussetzungen wie Lunge, Kehlkopf, etc., aber jeder reagiert mit dem Atem anders auf Situationen. Je nachdem was wir gerade fühlen, so atmen wir auch. Der Atem verändert sich wie ein Seismograph den ganzen Tag über. Dies geschieht meist unbewusst und lässt sich kaum steuern, zumindest nur so lange, wie man daran denkt. Trotzdem ist es möglich, Atemtechniken zu erlernen, die in bestimmten Situationen angewendet werden können und somit helfen, die Atmung zu optimieren (HÖLLER-ZANGENFEIND 2004).

Die nachfolgenden Übungen werden im Liegen ausgeführt und sollen bei der Entspannung helfen. Zum Beispiel vor einem Vortrag oder sonstigen Sprechsituationen.

ÜBUNG 1

Ein Stapel Bücher wird auf den Bauchnabel gelegt. Es wäre optimal, wenn sich beim Einatmen die Bücher zu heben beginnen und sich beim Ausatmen die Bücher wieder absenken. Wenn keine Bücher zur Verfügung stehen, kann das gleiche versucht werden, indem man die Hand auf den Bauch legt und bewusst atmet.

ÜBUNG 2

Einige kennen es vielleicht aus dem Yoga. Im Liegen soll versucht werden, so viel Kontakt zum Boden wie nur möglich zu schaffen. In Rückenlage wird versucht, den Körper so auszurichten, dass jeder Körperteil so viel Kontakt wie möglich zum Boden spürt. Den unteren Rücken kann man näher an den Boden bringen, indem die Pobacken zusammengedrückt werden; die Schultern, indem man die Schulterblätter näher zusammenführt. Die Wirbelsäule soll lang gemacht und das Kinn zur Brust geführt werden. Wichtig ist bei dieser Übung, dass man sich voll und ganz auf den Körper konzentriert und tief ein- und ausatmet (AMON 2000, HAMMANN 2011).

ÜBUNG 3

Bei dieser Übung geht es darum, das Ausatmen bewusst zu verlängern. Wenn man beispielsweise normal vier Sekunden einatmet und vier aus, kann versucht werden, die Ausatemzeit zu verdoppeln, also acht Sekunden auszuatmen. Diese Methode empfiehlt auch Logopädin SCHMID-TATZREITER (2015) im Interview auf Seite 63. Durch diese Technik kann sehr viel Spannung genommen werden.

5.4 Progressive Relaxation für die Artikulationsorgane

Bei der Progressiven Relaxation geht es darum, Gesicht, Nacken, Schultern, sowie den oberen Rücken durch kurze Anspannungsphasen (etwa 10 Sekunden) und darauf folgende Entspannungsphasen (30 Sekunden) zu entspannen. Die Übungen werden normalerweise im Liegen ausgeführt, können aber auch im Sitzen gemacht werden. Um eine optimale Entspannung zu erreichen, empfiehlt es sich, den Text aus Übung 4, unter der Berücksichtigung der richtigen Sprechgeschwindigkeit, aufzunehmen. Wenn ein Text nur gehört werden muss, kann man sich eher entspannen als jedes Mal die nächste Zeile lesen zu müssen.

ÜBUNG 4

Die Stirn für ein paar Sekunden runzeln und wieder entspannen, die Augenbrauen zusammenziehen und wieder entspannen, die Augen fest zusammendrücken und wieder entspannen, die Zähne fest zusammenpressen und wieder entspannen, die Zunge gegen den Gaumen drücken und wieder entspannen, die Lippen aneinander pressen und wieder entspannen.

Wichtig beim An- und Entspannen ist, dass man genau darauf achtet, wie sich die betroffenen Partien immer mehr und mehr entspannen.

Als nächstes werden die Nackenmuskeln angespannt, indem das Kinn nach unten zur Brust gezogen wird, zur linken Schulter und anschließend zur rechten Schultern. Nach dieser Anspannung hält man den Kopf wieder gerade und entspannt. Im Anschluss werden die Schultern nach oben gezogen, kurz gehalten, nach vorne und zurück gedreht und wieder entspannt.

Man sollte diese Entspannung noch eine Weile genießen und sich dann gegebenenfalls strecken und gähnen (HAMMANN 2011).

5.5 Lockerungsübungen

Nun werden noch einige Lockerungsübungen vorgestellt, die wunderbar im Alltag Anwendung finden können.

ÜBUNG 5 – KIEFERSCHÜTTELN

Bei dieser Übung stellt man sich gerade hin und bringt den Oberkörper nach vorne. Die Finger zeigen in Richtung der Zehenspitzen. Nun lässt man den Kopf und das Kiefer locker werden und schüttelt den Kopf ein paar Mal kräftig hin und her. Der Unterkiefer soll dabei sanft mitschwingen.

ÜBUNG 6 – LIPPENLOCKERN

Eine Lockerung der Lippen kann so erreicht werden, indem die Lippen im Wechsel zugespitzt werden und wie beim Lächeln auseinander gezogen werden. Diese Bewegung lässt sich mit offenem und geschlossenem Mund durchführen. Das Tempo der Bewegungen sollte nach und nach gesteigert werden. Noch besser wäre es, so viel Lächeln und Küssen in den Alltag zu integrieren wie nur möglich.

ÜBUNG 7 – ZUNGENLOCKERN

Eine lockere Zunge hilft uns bei der Lautbildung allgemein. Erreichen kann man dies, indem man die Zunge weit aus dem Mund streckt und wieder einzieht, die Zunge im Mund kreisen lässt, die ausgestreckte Zunge vom linken Mundwinkel zum rechten Mundwinkel führt und alle Zähne einzeln mit der Zunge abtastet. Wie auch bei Übung 7 gilt, die Geschwindigkeit zu variieren.

ÜBUNG 8 – KREISBEWEGUNGEN

Wie auch bei der Progressiven Relaxation des Nackens, können Kreisbewegungen auch bei anderen Körperteilen eine Entspannung bewirken. Beispielsweise kann man so auch die Schultern nach vorne und hinten kreisen lassen, sowie die Arme neben dem Körper kreisen lassen.

5.6 Aufwärm-Übungen für die Stimme

ÜBUNG 9 – Gorilla

Das Ziel der ersten Aufwärmübung ist es, die Lunge vorzubereiten. Dies schafft man, indem die Hände zusammengeballt werden und wie ein Gorilla auf den Brustkorb geklopft wird. (Bitte nicht zu fest!) Gleichzeitig werden Buchstaben wie „a, e, i, o, u" gesprochen. Der jeweilige Ton sollte dann leicht springen.

ÜBUNG 10 – Unendlichkeit

Für diese Übung stellt man sich aufrecht hin, streckt beide Arme nach vorne hin aus und versucht ein Unendlichkeitssymbol (liegende 8) zu formen. Dabei sollen die Laute „mu-nung, mo-nong, mi-ning, me-neng, ma-nang" passend zur Bewegung gesprochen werden.

ÜBUNG 11 – Wespennest

Das Kredo bei dieser Übung ist, fest ein- und vor allem auszuatmen. Während der Ausatmung legt man die Lippen leicht aufeinander und grinst dabei. Gleichzeitig spricht man ein „mmmmmmmm". Ein leichtes kitzeln und vibrieren sollte nun spürbar sein. Dieses Kitzeln kann sich immer weiter über das ganze Gesicht ausbreiten. Die Wespennest Übung kann mehrmals täglich geübt werden und gehört mitunter zu den beliebtesten Aufwärm-Übungen für die Stimme.

ÜBUNG 12 – Willkommen

Bei dieser Übung wird ein Vers von Goethe nachgesprochen:

Gruß dem Meere

Gruß den Wogen

Gruß dem Wasser

Gruß dem Feuer

Gruß dem selt'nen Abenteuer …

Dieser Vers wird in Verbindung mit einer Geste gesprochen. Im Stehen wird einzeln jede Zeile gelesen und dabei eine offene waagrechte Handbewegung nach vorne gemacht, als wolle man das Meer, das Feuer, etc. mit einer großen schwingenden Handbewegung willkommen heißen.

ÜBUNG 13 – Kreis

Mit der Zunge wird bei offenem Mund gekreist. In jede Richtung mehrere Male. Zum Abschluss wird laut „brrrrr" gesagt, die Lippen sollen sich dabei schön hin und her bewegen. Als Vorlage kann man hier an ein Pferd denken. Diese Übung eignet sich sehr gut für die Entspannung der Lippen, die für die Lautbildung eine wesentliche Rolle spielen (AMON 2000).

5.7 Laute üben

Ein nächster wichtiger Punkt für die Optimierung der Stimme ist die richtige Aussprache
der Vokale. Unter dem Begriff „richtige Aussprache" fällt auf jeden Fall die deutliche Aussprache.

Warum es so wichtig ist deutlich zu sprechen?

Zum einen, weil es so dem Zuhörer leichter
fällt, dem Gesagten zu folgen. Zum anderen,
weil man durch eine klare, deutliche Stimme
mehr Selbstbewusstsein und Kompetenz vermittelt als mit einer schlampigen Aussprache.
Ein Redner, der seine eigenen Wörter verschluckt und den Mund kaum aufbekommt,
wirkt alles andere als sicher indem was er tut –
geschweige denn glaubhaft.

Wie kann man nun seine Mundstellung optimieren?

Die Antwort liegt in der optimalen Mundstellung bei der Aussprache der Vokale: „a,e,i,o &
u" (AMON 2000).

Wie in Abbildung 26 veranschaulicht, kann die
richtige Mundstellung vor dem Spiegel geübt
werden. Am besten ist es, man holt tief Luft
und versucht den Vokal so lange und deutlich
wie möglich zu halten.

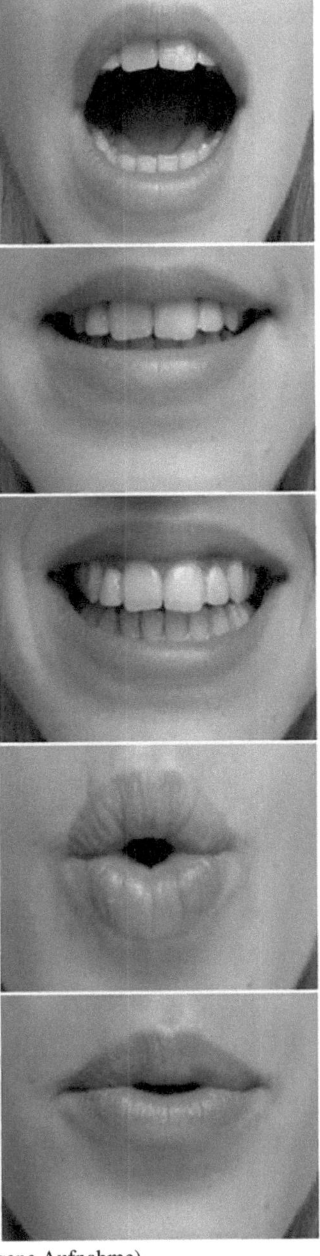

Abbildung 26:
Die richtige Mundstellung zu den Vokalen "a,e,i,o,u" (Eigene Aufnahme)

5.8 Freies Sprechen

Es gibt Menschen die sehr redegewandt sind und zu fast allem die passenden Worte parat haben. Bei denen scheint es, als müssten sie gar nicht nachdenken über das Gesagte. Sie müssen einfach nur zu sprechen beginnen und alles was sie sagen, beeindruckt. Menschen, die man auch mit den gefinkeltsten Fragen nicht aus der Ruhe bringen kann, die immer eine Antwort auf Lager haben. Wie das möglich ist?

Diese Personen haben uns eines voraus: sie sind Profis im Sprech-Denken. Sprech-Denken bezeichnet den Vorgang, bei dem gleichzeitig gesprochen und gedacht wird. Dass dieses Sprech-Denken die wenigsten beherrschen, wird einem klar, wenn man Vorträge hört, in denen viele Füllfloskeln („em", „hm", „also") verwendet werden.

Wie kann man sich nun dieses Sprech-Denken aneignen?

Wie der Name schon vorwegnimmt, Sprechen und Denken bilden die Hauptpunkte. Aufwärmübungen, wie jene auf Seite 52 sind auch Bestandteil und sollten gut geübt werden. Außerdem ist es von Vorteil, gut Formulieren zu können, und sich selbst hören zu können. Das Gehör gehört untrennbar zum Sprechen dazu, schließlich dient das Gehör als eine Art Kontrolleur, der überprüft, was wir sagen. Mit Hilfe von Aufnahmen beispielsweise, kann man das Gesagte analysieren und gegebenenfalls verbessern.

Weitere Übungen, um sich das Sprech-Denken anzueignen, sind ganz einfach in den Alltag integrierbar.

ÜBUNG 14 – Sprechdenken

Bei dieser Übung geht es darum, jegliche ausgeführte Handlung zu beschreiben. Das heißt, man sollte genau das sprechen, was man denkt. Zum Beispiel: „Jetzt nehme ich ein Bad mit meinem neuen Badezusatz, der herrlich nach Lavendel duftet." Oder: „Nach der Arbeit werde ich am Weg nach Hause noch mein Auto waschen und für meine Familie ein leckeres Abendessen zubereiten. Ich werde eine Asiatische Wok-Pfanne kochen."

ÜBUNG 15

Um schlagfertiger und wortgewandter zu werden, bietet es sich an, mehrmals am Tag zu einem x-beliebigen Thema spontan 3 Sätze zu bilden. Am Anfang kann es durchaus passieren, dass die Sätze zusammenhangslos sind oder Unsinn ergeben. Davon sollte man sich aber nicht irritieren lassen. Wichtig ist hierbei, ganz spontan und sofort etwas zum Thema zu äußern. Themen sind frei wählbar. Eine gute Quelle sind Zeitungen, Bücher oder das Internet.

Wenn man dieses Sprechdenken einige Zeit geübt hat, wird man feststellen, dass es einem gleich viel leichter fällt, auf ein Thema zu reagieren, das man gar nicht vorbereitet hat.

Wichtig beim Üben des Sprechdenkens ist vor allem, dass man sich klar macht, dass man dieses Sprechen nur üben kann, indem man spricht. Wenn man sich nur denkt, was man hätte sagen können, hat dies wenig Sinn (AMON 2000, IN-TERNET 20 & 21).

5.9 Pflege der Stimme

Im vorherigen Kapitel wurde ein kleiner Überblick über mögliche Übungen gegeben, die zur Optimierung der Stimme angewendet werden können. In diesem Teil werden noch zusätzliche Tipps gegeben, wie man die Stimme am besten pflegt.

Was sollte man vor einem stimmintensiven Tag beachten?

Als Lehrperson kann es durchaus vorkommen, das man 6 Stunden am Stück sprechen muss. Dies sollte für eine gesunde Stimme normalerweise kein Problem darstellen. Trotzdem kann man sich und seine Stimme auf eine solche Situation gut vorbereiten, indem man ein paar Dinge beachtet.

Essen und Trinken

Vor einem stimmintensiven Tag sollten Getränke wie Milchprodukte, Kaffee, Schwarzer /Grüner/Pfefferminz-Tee vermieden werden. Außerdem sollte auf Schokolade, Nüsse und Zitrusfrüchte verzichtet werden.

Generell soll vor einem größeren Sprechakt wenn möglich nicht zu viel gegessen werden. Frei nach dem Motto: „ Ein voller Bauch parliert nicht gerne."

Zusätzlich sollte man auf eine ausreichende Wasserzufuhr achten. Mit dieser Maßnahme soll eine optimale Befeuchtung der Schleimhäute erreicht werden. Verteilt über den Tag empfiehlt es sich, möglichst viel zu trinken. Optimal wären 2-3 l kohlensäure-freies Wasser, das nicht zu kalt oder zu heiß ist.

Welche Maßnahmen können im täglichen Leben gesetzt werden um die Stimme möglichst gut zu pflegen?

Körperhaltung und Atmung

Mit einer physiologisch richtigen Körperhaltung, beeinflusst man positiv das Atemverhalten. Auf Seite 44 & 47 wird diese Körperhaltung bildlich veranschaulicht. Die Atmung sollte natürlich und entspannt von statten gehen.

Genügend Sprech- und Atempausen sollen ebenfalls in den Sprechvorgang integriert werden. Das heißt, man sollte langsam und deutlich sprechen. Lärmintensive Umgebungen sollten einen nicht zu lautem Sprechen hinreißen lassen. Viel nützlicher wäre es in diesem Fall, die Lärmquellen zu minimieren.

Räuspern und Husten

Wenn man einen Frosch im Hals hat, sollte man so gut es geht auf ein Räuspern oder Husten verzichten. Durch die erhöhte Frequenz, die durch Reibung entsteht, werden die Stimmbänder zu sehr belastet. Man sollte Alternativen anwenden, die stimmband-schonend sind, wie etwas Wasser zu trinken oder sich durch leichtes Klopfen auf die Brust mit gleichzeitigem ‚hmmmmmm'-Laut, vom Frosch zu befreien.

Flüstern

Instinktiv wird geflüstert, um die Stimme zu schonen. Dies ist jedoch falsch! Durch das Flüstern verschieben sich die Stellknorpel so, dass sich die umliegende Muskulatur verspannt. Auf Dauer beansprucht das Flüstern die Muskulatur mehr, als ein gewöhnliches Sprechen.

Lebensrhythmus

Nicht wegzudenken für eine optimale Stimme sind vor allem bewusste Erholungs- und Ruhephasen. Außerdem sollte man sich regelmäßig sportlich betätigen und auf genügend Schlaf achten.

Nikotin und Medikamente

Dass Rauchen nicht gesund ist, weiß man. Speziell den Schleimhäuten im Rachen und Kehlkopf bekommt der Qualm gar nicht. Wenn man spricht und gleichzeitig raucht, können Schadstoffe aufgrund der erhöhten Durchblutung noch besser aufgenommen werden. Medikamente wie zum Beispiel Antibiotika, Diuretika oder Psychopharmaka führen ebenfalls zu einer Austrocknung der Schleimhäute im Mund- und Rachenraum (EHRLICH 2007, HAMMANN 2011).

<u>**Welche Behandlungen kann man bei leichten Symptomen selbst durchführen?**</u>

SYMPTOME	BEHANDLUNG
Was kann man bei ersten Anzeichen von Halsschmerzen tun?	Vitamin C in hohen Dosen, kann den Ausbruch der latenten Krankheit verhindern. Empfehlenswert sind 500mg Vitamin C alle 6 Stunden. Zink kann ebenfalls die Schwere der Infektion verringern. Um Bakterien und Viren auszuschwemmen sollte ausreichend getrunken werden (2-3 Liter stilles Wasser) Für ausreichend Luftfeuchtigkeit (durch regelmäßiges Lüften) sollte gesorgt werden. Mit dem Rauchen sollte aufgehört werden Die Thymusdrüse (liegt am oberen Ende des Brustbeins) kann durch leichtes klopfen mit der Faust aktiviert werden. Sie ist die Hauptzentrale des Immunsystems. Um das Immunsystem langfristig zu stärken sollten 30 Minuten täglich an der frischen Luft (bei jeder Witterung) eingeplant werden.
Kratzen im Kehlkopf & Schmerzen beim Schlucken	Lutschpastillen oder diverse Rachensprays ohne Menthol können angewendet werden. Bei Beschwerden ohne Heiserkeit sollte viel Tee getrunken werden. (vorzugsweise Salbei-, Thymian- und Pfefferminztee.) Gurgellösungen sollten nicht verwendet werden, diese können zu Würgereiz und Hustenreiz führen.

Heiserkeit (Beschreibt eine Entzündung von Kehlkopf und Stimmbändern)	Stimmschonung ist jetzt angesagt. Wenig und leise reden, aber nicht flüstern. Tee vermeiden (Hat eine austrocknende Wirkung)! Bei schweren Infekten sollte ein Arzt aufgesucht werden.
Husten (ohne Auswurf) (Führt zu einem anschwellen der Stimmlippen)	Bei Husten sollte ein Hustenblocker verabreicht werden. Häufiges Husten kann die sensiblen Stimmlippen schädigen. Eibischwurzelsaft, Tee oder Saft von isländischem Moos oder Teeauszüge von Malvenblättern werden empfohlen. Außerdem können auch Hustensaft oder Hustentropfen eingenommen werden. Wenn der Auswurf eitrig wird und der Husten über eine Woche andauert bitte sofort einen Arzt aufsuchen!

(EHRLICH 2009 -
Eigene Darstellung in Tabellenform)

An wen kann man sich bei Stimmproblemen wenden?

An den HNO-Arzt:

Dieser ist Profi im Gebiet der Hals-Nasen- und Ohrenheilkunde. Manche HNO-Ärzte haben eine Zusatzausbildung zur Stimmheilkunde (Phoniatrie). Bei der Phoniatrie liegt der Schwerpunkt bei Stimm- oder Kehlkopferkrankungen. Mit modernen Verfahren wird hier der Stimmapparat des Patienten untersucht und eine passende Therapie vorgeschlagen. Stimmuntersuchungen bezüglich der Eignung für Sprechberufe können hier auch durchgeführt werden. Bei solch einer Untersuchung wird der Stimmklang, die Stimmleistung, die Stimmlippen, das Gehör, die Atmung und die Körperhaltung inklusive Körperspannung untersucht. Solch ein Stimmtest kann und sollte alle drei Jahre durchgeführt werden, da sich unsere Stimme im Laufe des Lebens aufgrund von hormonellen Einflüssen verändert (AMON 2000, INTERNET 23).

An den Logopäden:

In Zusammenarbeit mit dem Arzt, spielt dieser eine ebenso große Rolle beim Thema Stimmprobleme. Er verschreibt keine Medikamente oder operiert, sondern ist Spezialist in den Bereichen rund um die Stimme (Sprechen, Hören, Lesen, etc.). Logopäden setzen gezielt Therapien zur Verbesserung der Sprechtechnik ein. In vielen öffentlichen Einrichtungen wie Krankenhäusern, Pflegeheimen oder Schulen sind Logopäden angestellt. Auch freiberuflich tätige Logopäden findet man in jeder Stadt (INTERNET 24).

An den Stimmtrainer:

Um die gesunde Stimme zu optimieren, kann man sich an Personen wenden, die als Stimmtrainer arbeiten. Dies können Sprechlehrer, Schauspiellehrer, Stimmpädagogen oder andere Personen sein, die eine umfassende Stimmausbildung genossen haben. Solche Personen findet man an Musikhochschulen, an Universitäten oder am Theater.

An weitere Personen:

Natürlich gibt es noch weitere Personen die einen Beitrag zur Optimierung der Stimme leisten können, welche sind:

Rhetoriktrainer:

Sie befassen sich hauptsächlich mit dem optimalen Aufbau einer Rede, eines Vortrags bzw. Statements.

Präsentationstrainer:

Diese geben Einblick in die Vielzahl an Präsentationsmöglichkeiten (Powerpoint, Flipchart, Overheadprojektor), zur Unterstützung des Vortrages.

Medientrainer:

Sie werden dann interessant, wenn man vermehrt in den Medien präsent ist. Sie geben wertvolle Tipps rund um Regeln und Verhalten in der Medienkommunikation.

Körpersprach-Trainer:

Wie es der Name schon verrät, erlernt man hier alles rund um die Körpersprache. Wie setzt man sie am besten ein, was ist nonverbale Kommunikation etc. (AMON 2000).

6. Experteninterview mit Frau Edith Schmid-Tatzreiter

Salzburg am 11.09.2015

Frau Schmid-Tatzreiter, MBA ist eine in Salzburg in freier Praxis tätige Logopädin. Sie arbeitet seit 28 Jahren im Bereich Stimme, Sprechen, Kommunikation, Präsentation, Führung und Management und bietet eine breitgefächerte und individuelle Palette an Trainings und Coachings an. In ihrer Masterthesis „Schöner Sprechen- Hard Facts oder Soft Skills für Führungskräfte" konnte sie Wissenschaftlich belegen, dass der richtige Umgang mit der Stimme eine wesentliche Voraussetzung für das Erreichen einer Führungsposition ist. Ihr umfangreiches Wissen in diesem Bereich gibt sie nicht nur an Privatpersonen weiter, sondern auch als Lehrbeauftragte an der Pädagogischen Hochschule und der FH Salzburg an Studenten und an Mitarbeiter von Firmen. Außerdem übernimmt sie auch Aufträge als Moderatorin und Werbesprecherin.

Aufgrund dieser Kompetenzen habe ich mich dazu entschlossen, ein Interview mit Frau Edith Schmid-Tatzreiter durchzuführen. Glücklicherweise hat sie sich sofort dazu bereit erklärt. In ihren Trainingsräumen in Salzburg-Gneis hat sie mich herzlich empfangen und mir meine Fragen sehr präzise und ausführlich beantwortet.

Das Interview gliedert sich in 9 Fragen rund um das Sprechen. Aufgrund dessen, dass mir Frau Schmid-Tatzreiter meine Fragen immer sehr ausführlich beantwortet hat, habe ich manche Fragen im Zuge meiner Arbeit etwas gekürzt.

Mehr Infos zur Person Edith Schmid-Tatzreiter und ihrem Trainingsangebot + Coachings findet man auf der Internetseite: www.schoenersprechen.at

1. Haben Sie viel mit Lehrpersonen zu tun? Kommt es oft vor dass sie zu Ihnen kommen und ein Stimmtraining in Anspruch nehmen?

E.S-T.: Mit Lehrpersonen habe ich in mehreren Fällen zu tun, da ich an der Pädagogischen Hochschule unterrichte, im Unterrichtsfach ‚Stimme'. Problem dabei ist, dass dieses Fach in der Ausbildung viel zu wenig verankert ist. Es gab bis vor einem Jahr Stimmeingangsuntersuchungen bei jedem, der sich an der Pädagogischen Hochschule beworben hat. Dies hat so ausgesehen, dass Stimm-Scans und Stimmfelder gemacht wurden. Dies sind gewisse Messmethoden an die man sich halten kann, um herauszufinden, ob die jeweiligen Personen für einen Sprechberuf geeignet sind.

Diese Personen wurden dann entweder aufgenommen oder mit der Auflage aufgenommen, dass sie etwas an ihrer Stimme unternehmen müssen. Aus Erfahrung kann man sagen, dass Personen mit sehr auffälligem Klang, bei denen eine Belastung von 10 Minuten schon nicht möglich ist, nicht geeignet sind, außer man versucht dies stimmtechnisch zu optimieren.

2. Aus welchem Grund gab es diese Stimmeingangsuntersuchungen nur bis vor einem Jahr?

E.S-T.: Meiner Meinung nach aus Kostengründen. Ich unterrichte jedes Jahr die Unterrichtspraktikanten. Diese unterrichte ich jeweils einen halben Tag in Gruppen zu 25-30 Leuten. Dies ist aber gänzlich unzureichend. Das Fach ‚Stimme‘ sollte mindestens das ganze Studium in ein bis zwei Wochenstunden begleitend unterrichtet werden.

3. Was kann man an so einem halben Tag erreichen?

E.S-T.: Hier hat man nicht mehr Möglichkeiten, als den Leuten mitzugeben, dass ein Training sehr wichtig für sie wäre. Es wäre eine Illusion zu glauben, dass man bereits nach einem halben Tag die ganze Stimme umändern kann. Ein Nachteil ist außerdem, dass diese Personen noch nicht unterrichtet haben. Also zu dem Zeitpunkt wissen sie eigentlich noch nicht, was es heißt, wenn man die Stimme jeden Tag so beanspruchen muss. Aber es ist immer wieder so, dass sich Lehrer nach ein paar Jahren melden und über Stimmprobleme klagen.

4. Was bedeutet für Sie ökonomisches Sprechen?

E.S-T.: Auf jeden Fall heißt es nicht: Seine Stimme zu schonen. Wenn Leute ‚schonen‘ hören passiert oft genau das Gegenteil von dem, was man haben möchte. Sie flüstern, sie versuchen leiser zu sprechen als eine normale Lautstärke. Ökonomisch würde heißen, das alle, an der Stimmgebung beteiligten Muskeln so koordiniert sind und funktionieren, dass diese eine Dauerbelastung aushalten. Eine gut geführte gesunde Stimme, bei der auch Rundumbedingungen (Mimik,…) stimmen, muss acht Stunden am Stück sprechen können.

5. Was ist für Sie eine perfekte Stimme, welche Stimme hören Sie gerne?

E.S-T.: Zum einen die physiologisch gesunde Stimme, das wäre das Ziel von einer logopädischen Therapie. Logopädie geht bist dorthin, wo eine physiologisch gesunde Stimme ohne organischen und funktionellen Auffälligkeiten da ist. Darüber hinaus, muss sie zu diesem Zeitpunkt noch keinen besonders schönen Klang haben. Ob eine Person eine schöne Klangfarbe in der Stimme hat, ist eine Anlagesache und Schönheit kann sehr individuell sein. Das Ziel einer Therapie und dann einer Ausbildung wäre, dass das Optimum aus der jeweiligen Stimme herausgeholt wird. Dazu gehören sehr viele Faktoren.

6. Wie kann man sich mehr ‚Gehör' beim Publikum verschaffen?

E.S-T.: Es ist nicht unbedingt eine laute Stimme. Eine dynamische Bandbreite ist etwas, das auch sehr wesentlich ist. Das heißt, dass die Person zwischen 30 und 40 Dezibel Unterschied zwischen dem leisesten und lautesten Ton schafft. Eine gut geführte Stimme sollte am Ende eines Aussagesatzes nach unten gehen. Wichtig: Dabei bekommt der Zuhörer signalisiert, dass der Gedanke zu Ende ist. Auch für einen selbst, entsteht somit eine Pause, die für die reflektorische Atmung genützt werden sollte und der Zuhörer hat genügend Zeit um sich über das Gehörte ein Bild zu machen. Wenn man ohne Pause einfach weiterspricht und die Stimme oben bleibt, hinkt man als Zuhörer immer hinterher und klinkt sich irgendwann aus.

7. Was sind Ihre Tipps gegen Lampenfieber?

E.S-T.: Was Sinn macht, ist das Erlernen gewisser Techniken um gezielt eingreifen zu können. Zum Beispiel Ausatemverlängerung. Also Techniken, mit denen man ins Atemsystem eingreift und somit auch den Puls beeinflussen kann. Bei Personen, die nervös sind, steigt die Atemfrequenz in der Regel sehr schnell und der Puls ist hoch. Durch das längere Ausatmen kann man erzielen, dass der Puls wieder sinkt. Damit kann man dies zu einem gewissen Grad steuern. Oder auch über die Bewegung, über den Tonus, gewisse Übungen ausführen.

8. Sie sagen also, dass man sich durch eine sichere Stimme schon einmal viel Druck nehmen kann?

E.S-T.: Erstens das, und es ist wie beim Sport, wenn man auf eine Technik zurückgreifen kann, dann kann man dadurch schon einmal Vertrauen schaffen. In unserem Fall das Vertrauen auf die eigene Stimme.

9. Was ist Ihre persönliche Lieblingsübung für die Stimme?

E.S-T.: Das ist eine sehr schwierige Frage. Wesentlich ist, dass die Stimme nicht nur im Sprechstimmbereich benutzt werden sollte. Die Stimme hat einen Umfang von etwa 3 Oktaven. Die Sprechstimme hat davon nur einen sehr kleinen Anteil. Man sollte versuchen die Stimme über ihren ganzen Bereich zu benutzen. Dies gelingt einem durch singen, aber auch mit „tönen", wenn man nicht unbedingt singen möchte. Also man sollte sich nicht nur auf die paar Töne beschränken, die man beim Sprechen benutzt, sondern mit einem cantando (= singendes sprechen) oder tönen versuchen die ganze Bandbreite zu benutzen. (macht ein ‚Wuhu –Geräusch' bei dem der Vokal „u" langgezogen wird und dieser in Höhe und Tiefe verändert wird). Das Geräusch erinnert an den Film „Findet Nemo" in dem Dori der Fisch die Walsprache imitiert (SCHMID-TATZREITER 2015).

7. Fazit

In dieser Arbeit habe ich mich ausführlich dem Thema „Stimme" gewidmet. Ich habe versucht einen Einblick darüber zu schaffen, wie wichtig es ist, sich mit der eigenen Stimme zu beschäftigen. Nicht nur als Lehrperson oder im Beruf, sondern auch im privaten Leben.

Zwar gibt es kein einheitliches Rezept dafür, wie man die Stimme trainieren sollte oder wie sie auf andere wirkt, trotzdem empfinde ich es als sehr wichtig, sich individuell darüber Gedanken zu machen. Keine Stimme ist perfekt! Aber jede lässt sich analysieren und verbessern. Womöglich sogar mit einigen Übungen, die im Kapitel Stimmhygiene vorgestellt worden sind. Es ist nie zu spät, an der eigenen Stimme etwas zu verbessern oder zu optimieren.

Was die verschiedenen Funktionen, wie Stimme, Atmung, Körperhaltung, Gestik etc. betrifft, die bei einem Vortrag vernetzt werden müssen, bin ich mir sicher, dass ein Vortrag besser funktioniert, je ausgereifter jede einzelne dieser genannten Funktionen ist.

Ihre Stimme ist das Verbindungsglied zum Publikum. Wäre es nicht super, wenn sie mit ihr einen souveränen Eindruck hinterlassen? Wenn man ihren Anweisungen Folge leistet? Oder wenn sie einfach spüren, dass Interesse bei ihrem Gegenüber geweckt zu haben? Gerade als zukünftige Lehrperson stelle ich mir die Frage: „Gibt es etwas Schöneres, als zu wissen, jemanden von seiner Materie in den Bann gezogen zu haben?" Spätestens dann, wenn dieser Augenblick eintritt, werden sie bemerken, dass Lord Salisbury Recht hatte:

„Die Macht gehört denen die reden können."

Literaturverzeichnis

Amon, I. (2000). Die Macht der Stimme. 175 Seiten, 1. Auflage. Ueberreuter: Wien.

Bermúdez de Alvear, R., Barón, F., & Martínez-Arquero, A. (2011). School teachers' vocal use, risk factors, and voice disorder prevalence: guidelines to detect teachers with current voice problems. Folia Phoniatr Logop, 63: 209-15

Chen, S., Chiang, S., Chung , Y., Hsiao, L., & Hsiao, T. (2010). Risk factors and effects of voice problems for teachers. Journal of Voice, 24: 183-90

Ehrlich, K. (2007). Stimme – Sprechen – Spielen: Praxishandbuch Schauspiel. 319 Seiten. Peter Lang: Frankfurt am Main.

Ferstl , E. (2009). Gedankenwege. 136 Seiten, 1. Auflage. Brockmeyer Verlag: Bochum

Gebauer, K. (2000). Streß bei Lehrern: Probleme im Schulalltag bewältigen. 253 Seiten. Klett-Cotta: Stuttgart.

Gekle , M., Wischmeyer, E., Gründer, S., Petersen, M., Schwab, A., Markwardt, F., . . . Marti, H. (2010). 860 Seiten. Physiologie. Georg Thieme Verlag: Stuttgart.

Goldhan, W. (2009). Die Kennzeichen der Sängerstimme. 111 Seiten, 4. Auflage. Hans Schneider: Tutzing

Hammann, C. (2011). Fitness für die Stimme. 85 Seiten, 4. Auflage. Ernst Reinhardt Verlag: München

Haugeneder, K. (2011). Stimme Spüren! Praxis und Philosophie zur Stimmentfaltung. 144 Seiten, 2. Auflage. Breuer & Wardin: Bergisch Gladbach.

Höller-Zangenfeind, M. (2007). Stimme von Kopf bis Fuß, Ein Lehr- und Übungsbuch für Atmung und Stimme nach der Methode Atem-Tonus-Ton. 191 Seiten, 2. Auflage. StudienVerlag: Innsbruck.

Kutej, W. (2011). Prävention von Stimmstörungen: Die Stimme als wichtiges Arbeitsinstrument in Sprechberufen. 144 Seiten, 1. Auflage. Schulz-Kirchner Verlag: Idstein.

Mann, W. J., & Strutz, J. (2010). Praxis der HNO-Heilkunde, Kopf- und Halschirurgie. 1120 Seiten, 2. Auflage. Georg Thieme Verlag: Stuttgart.

Mehrabian , A. (1981). Silent messages: Implicit communication of emotions and attitudes. 152 Seiten. Wadsworth Publishing Company: Belmont.

Mesqueta de Medeiros, A., Barreto, S., & Assuncao, A. (2008). Voice Disorders (Dysphonia) in Public School Female Teachers Working in Belo Horizonte: Prevalence and Associated Factors. Journal of Voice, 22: 676-87

Montepare, J.M., & Zebrowitz-McArthur, L. (1987). Perceptions of adults with childlike voices in two cultures. Journal of Experimental Social Psychology, 23: 331-349

Morton, V., & Watson, D. (2001). The impact of impaired vocal quality on children's ability to process spoken language. Logoped Phoniatr Vocol, 26: 17-25

Pezenburg, M. (2013). Stimmbildung. Wissenschaftliche Grundlagen - Didaktik - Methodik. 268 Seiten, 2. Auflage. Wißner-Verlag: Augsburg.

Preciado-Lòpez, J., Pèrez-Fernàndez, C., Calzada-Uriondo, M., & Preciado-Ruiz, P. (2006). Epidemiological study of voice disorders among teaching professionals of La Rioja, Spain. Journal of Voice, 22: 489-508

Reichel, G. (1991). Frei reden ohne Lampenfieber. 210 Seiten, 2. Auflage. Brigitte Reichel Verlag: Forchheim.

Richter, B., Echternach M. (2010). Stimmdiagnostik und -therapie bei Angehörigen stimmintensiver Berufe. HNO Zeitschrift, 58: 389-398

Richter, B., Nusseck, M., Spahn, C., & Echternach, M. (2015). Effectiveness of a Voice Training Program for Student Teachers on Vocal Health. Journal of Voice - in print. Online published: June 6 2015, Internet: http://www.jvoice.org/article/S0892-1997 (15) 00098-3/fulltext (15.10.2015)

Schwengler , J., & Lucius, R. (2011). Der Mensch. Anatomie und Physiologie. 454 Seiten, 5 Auflage. Georg Thieme Verlag: Stuttgart.

Siegmüller, J., Bertels, H. (2006). Leitfaden Sprache-Sprechen-Stimme-Schlucken. 480 Seiten, 1. Auflage. Urban & Fischer Verlag: München.

Yiu, E. (2001). Impact and preventing of voice problems in the teaching profession: embrancing the consumers' view. Journal of Voice, 16: 215-28

Internetquellen

Internet 1: https:// www.kenhub.com/de/atlas (23.04.2015)

Internet 2: http://medicine.academic.ru/3580/Glottis (23.04.2015)

Internet 3: http://flexikon.doccheck.com/de/Reinke-Raum (23.04.2015)

Internet 4: http://flexikon.doccheck.com/de/Phonation (24.04.2015)

Internet 5: http://www.tinaland.de/images/Texte/hilfe/operative%20stimmerh%
F6hung %20halle%20saalfe.pdf (24.04.2015)

Internet 6: http://www.neuro24.de/hirnnerven_vagus.htm (26.05.2015)

Internet 7: http://www.physiotherapie-in voerde.de/Reflektorische% 20Atem
therapie. html (28.05.2015)

Internet 8: https://www.google.at/search?q=ansatzrohr&biw=1239&bih=582&
Source=lnms&tbm=isch&sa=X&ved=0CAYQ_AUoAWoVChMIlqaSnYD
sxgIVy7wUCh1gsQbq#imgrc=1MQb8lUjkoAJlM%3A (21.07.15)

Internet 9: http://www.voicepresence.info/vp/NL_Wie_Stimme_wirkt.html
(28.07.15)

Internet 10: https://www.dasgehirn.indo/denken/gedaechtnis/erinnnern-mit-
gefuel-5181 (28.07.2015)

Internet 11: http://www.spektrum.de/frage/warum-hoert-sich-die-eigene-
stimme-auf-dem-tonband-anders-an/940370 (Stand 19.08.2015)

Internet 12:
https://www.google.at/search?q=luftschall+knochenschall&biw=1239&bih
=582&source=lnms&tbm=isch&sa=X&ved=0CAcQ_AUoAmoVChMI08z
X4LPBxwIVRrQaCh1how73&dpr=1.55#tbm=isch&q=schall&imgrc=8vF
BJ7SmDW0LHM%3A (24.08.2015)

Internet 13:
https://www.google.at/search?q=schall&biw=1239&bih=582&source
=lnms&tbm=isch&sa=X&ved=0CAYQ_AUoAWoVChMIj5jcwrXBxwIV
hbwaCh0qNw-
3#tbm=isch&q=schall+ohr&imgrc=3NkDHUUwwwVY8M%3A
(25.08.2015)

Internet 14: http://de.statista.com/statistik/daten/studie/158280/umfrage/berufe-
mit-den-hoechsten-anteilen-an-rauchern/ (28.08.2015)

Internet 15: http://www.innenraumanalytik.at/lueftungsampel/lueamp1.html
(01.09.2015)

Internet 16: http://www.cornelsen.de/das-leisten-lehrer/1.c.3262641.de
(01.09.2015)

Internet 17: http://www.welt.de/print-welt/article334313/Vom-Ticken-der-Uhr-
bis-zum-Presslufthammer.html (01.09.2015)

Internet 18: http://www.psychic.de/redeangst.php (02.09.2015)

Internet 19: http://www.suedkurier.de/galerie/bildergalerien/Diese-Promis-
leiden-unter-Lampenfieber;cme1284344,8261001 (02.09.2015)

Internet 20: http://www.manuela-stamm.de/sprechdenken-sie-doch-mal/
(25.09.2015)

Internet 21: http://www.rhetorikmagazin.de/?p=360 (25.09.2015)

Internet 22:
http://www.schoenersprechen.at/web_de/trainerin/ausbildungen.html
(11.09.2015)

Internet 23: http://www.stimmarzt.at/ (29.09.2015)

Internet 24: http://www.logopaedieaustria.at/logopaedische-therapie-hauptmenu
(29.09.2015)